U0156064

RENGONG ZHINENG

WEILAI YILAI

人工智能
未来已来

宋永端 编著

人民出版社

责任编辑：余　平
封面设计：周方亚
责任校对：白　玥

图书在版编目（CIP）数据

人工智能　未来已来 / 宋永端 编著 .—北京：人民出版社，2021.4
ISBN 978－7－01－022876－1

I. ①人…　II. ①宋…　III. ①人工智能－普及读物　IV. ① TP18-49

中国版本图书馆 CIP 数据核字（2020）第 252398 号

人工智能　未来已来
RENGONG ZHINENG WEILAI YILAI

宋永端　编著

人民出版社 出版发行
（100706　北京市东城区隆福寺街 99 号）

中煤（北京）印务有限公司印刷　新华书店经销

2021 年 4 月第 1 版　2021 年 4 月北京第 1 次印刷
开本：710 毫米 ×1000 毫米 1/16　印张：12.5
字数：152 千字

ISBN 978－7－01－022876－1　定价：48.00 元

邮购地址 100706　北京市东城区隆福寺街 99 号
人民东方图书销售中心　电话（010）65250042　65289539

目　录

CONTENTS

序　言

　　自 2016 年谷歌人工智能围棋程序 AlphaGo 战胜世界围棋冠军李世石以来，"人工智能（Artificial Intelligence，AI）"像一阵旋风，迅速席卷了全球，成为继蒸汽化、电气化、信息化之后的第四次技术革命。事实上，早在 1956 年，科学家麦卡锡、明斯基等就首次提出了"人工智能"一词，由此，新学科"人工智能"应运而生。

　　从 1956 年至今，人工智能的发展经历了早期的热情高涨、后来的冷若寒冬，以及近年来的急剧爆发等几个阶段。

　　第一次浪潮（1956—1974 年）："人工智能"被首次提出，取得了感知器、跳棋程序等重要成果；

　　第一次寒冬（1975—1980 年）：无法证明两个连续函数之和还是连续函数、机器翻译闹笑话等；

　　第二次浪潮（1981—1987 年）：专家系统实现了人工智能从基础理论研究走向医疗、化学、地质等特定领域的应用。同时反向传播算法的出现促进了机器学习的发展；

　　第二次寒冬（1988—1993 年）：常识性知识的缺乏以及推理方法

单一等缺点使专家系统难以适应人工智能逐渐扩大的应用规模；

平稳发展期（1994—2010 年）：超级计算机"深蓝"战胜国际象棋冠军。预训练方法将神经网络隐含层增至 7 层，缓解了局部最优解问题，掀起了深度学习的热潮；

第三次浪潮（2011 年至今）：人工智能程序在大规模图像识别或常识知识问答比赛中表现出超越人类的水平、AlphaGo 战胜世界围棋冠军李世石等。

人工智能可分为弱人工智能、强人工智能和超强人工智能，弱人工智能专注于解决单个特定领域的问题，强人工智能旨在全面达到人类水平，超强人工智能是在各方面全方位超越人类的人工智能。目前，人工智能仍处于弱人工智能发展初期，在大数据、互联网、脑科学、神经科学等关键研究技术的深度交叉融合和驱动下，正在朝着我们可预料和超乎预料的方向迅猛发展，释放着历次科技革命和产业变革积蓄的巨大能量，成为引领新一轮科技革命和产业变革的战略性技术和核心驱动力。据 2019 年 1 月，爱思唯尔 (Elsevier) 集团发布的《人工智能：知识的制造、转移与应用》报告显示，在 2013—2017 年期间，有关人工智能的研究以每年接近 13% 的速度增值，而类似的分析也出现在美国西雅图艾伦人工智能研究所的一份分析报告里，该报告显示，人工智能相关论文的发表数量从 1985 年的 5000 篇增至 2018 年的14 万篇。这与我国对人工智能的政策支持分不开，我国规划到 2020 年，人工智能总体技术和应用将与世界同步，成为新的经济增长点。习近平总书记就此特别强调，人工智能是新一轮科技革命和产业变革的重要驱动力量，加快发展新一代人工智能是事关我国抓住新一轮科技革命和产业变革机遇的战略问题。国家发改委、工信部、科技部、教育部等国家部委相继推出了相关政策，部分文件详见表 1。

表 1　人工智能进入国家战略地位

时间	文件	核心思想
2015 年 5 月	《中国制造 2025》	首次提及"智能制造"
2015 年 7 月	《"互联网 +"行动指导意见》	明确人工智能为形成新产业模式的 11 个重点发展领域之一，将发展人工智能提升到国家战略层面
2016 年 5 月	《"互联网 +"人工智能三年行动实施方案》	确定了在 9 个具体方面支持人工智能的发展
2016 年 8 月	《"十三五"国家科技创新规划》	将智能制造和机器人列为"科技创新 2030—重大项目"重大工程之一
2017 年 3 月	十二届全国人大五次会议政府工作报告	"人工智能"首次被写入政府工作报告
2017 年 7 月	《新一代人工智能发展规划》	确定中国人工智能发展"三步走"的战略目标
2017 年 10 月	党的十九大报告	推动互联网、大数据、人工智能和实体经济深度融合
2017 年 12 月	《促进新一代人工智能产业发展三年行动计划 (2018—2020 年)》	明确并量化了人工智能在未来三年的重点发展方向和目标
2018 年 3 月	十三届全国人大一次会议政府工作报告	做大做强新兴产业集群，实施大数据发展行动，加强新一代人工智能研发应用，在医疗、养老、教育、文化、体育等多领域推进"互联网 +"
2018 年 4 月	《高等学校人工智能创新行动计划》	健全高校人工智能领域科技创新体系，完善人工智能领域人才培养体系
2019 年 3 月	十三届全国人大二次会议政府工作报告	拓展"智能 +"，为制造业转型升级赋能
2020 年 1 月	《关于"双一流"建设高校促进学科融合，加快人工智能领域研究生培养的若干意见》	提出要构建基础理论人才与"人工智能 + X"复合型人才并重的培养体系、着力提升人工智能领域研究生培养水平
2020 年 3 月	《关于开展产业链固链行动　推动产业链协同复工复产的通知》	加开人工智能等新基础设施建设，加快制造业智能化设施

　　在当前人工智能发展的浪潮中，人工智能不仅是国际竞争力的焦点，也是各大企业与高校发展的新机遇。在企业方面，谷歌、脸书、阿里巴巴、华为、百度、腾讯等 AI 巨头相继在相关领域取得了突破性进展；而在高校方面，聚焦人工智能相关研究的学院 / 研究院

也如雨后春笋般纷纷涌现出来。如清华大学人工智能研究院、同济大学人工智能研究院、哈尔滨工业大学人工智能研究院、西安交通大学人工智能学院、南京大学人工智能学院、华中科技大学人工智能与自动化学院、天津大学智能与计算学部、中山大学智能工程学院、上海交通大学人工智能研究院、重庆大学人工智能研究院等。然而，我们应该清晰认识到，人工智能惊人的市场增长背后是对 AI 领域人才需求的激增。作为多学科交叉与融合的人工智能，其研究领域包括机器学习、语音识别、自然语言处理、计算机视觉、知识表示等。其中机器学习是人工智能研究领域的核心，也正是因为机器学习中深度神经网络的巨大成功掀起了新一轮人工智能研究浪潮。不难看出，技术是决定成败的一个关键因素。因此，如何才能在人工智能浪潮中抢得先机，占领技术制高点，不被人工智能的浪潮拍打在沙滩上呢？

基于这样的出发点，本书以科普与应用为目的，用浅显易懂的语言，生动有趣的例子来介绍目前人工智能相关基础技术与应用，以帮助有志在 AI 领域有所作为的广大学子对人工智能有更直观和深刻的认识，助力新一批人工智能科学技术人才培养。

本书的编写得到了国家自然科学基金项目的资助。在策划与编写过程中，以下老师和同学提供了大量帮助：喻微、何銮、崔福伟、陈清、柳静、谯佩雯、谭威等，在此一并表示感谢。本书的编写得到重庆大学自动化学院、重庆大学人工智能研究院、重庆市智慧无人系统重点实验室的大力支持。本书内容借鉴了国内外人工智能、神经网络、智能机器人、智能控制领域的专家与学者的相关论文和专著，编者在此深表谢意。

人工智能技术和应用快速发展、日新月异，由于编者的水平有限，书中疏漏之处在所难免，敬请读者批评指正！

第一章
人工智能的惊艳亮相

    通过本书序言的介绍，想必你已经大概知道了什么是人工智能，那么人工智能主要是要研究什么呢？现在的人工智能能够帮助我们做些什么呢？简单来说，人工智能研究的是如何让计算机这种冰冷的机器能够像人类一样思考，并且代替人类去做一些人类才可以完成甚至人类都不能完成的事情。以人类的智慧去创造出可以与人脑相媲美的机器大脑的确是一件非常困难的事情，但是随着计算机学科的发展和机器学习、深度学习的出现，人工智能技术取得了突飞猛进的发展，在我们的生活中惊艳亮相。生活中常见的语音识别、机器翻译就是计算机的听力，图像识别、文字识别就是计算机的视力，人机对话就是计算机说话的能力，人机对弈就是计算机的思考能力，机器学习就是计算机的学习能力，机器人、自动驾驶汽车就是计算机的行动能力……

第一节　AlphaGo 击败围棋世界冠军

由于围棋的玩法复杂多样，所以人工智能在围棋领域一直难以战胜人类。围棋起源于 3000 年前的中国，在古时称作"弈"，在西方称作"Go"。它的游戏规则很简单：玩家轮流在棋盘上放置黑棋或白棋，并试图捕获对手的棋子或占领棋盘上空白的地方。虽然围棋的规则非常简单，但它却是一个极其复杂的游戏。

棋盘上纵横 19 道，共有 361 个交叉点，除没"气"的点之外，玩家可以在棋盘上的任意区域落子。因此，在对手落棋以后，玩家的每一步棋都有 300 多种可能性。由于双方交替落子，所以围棋的下法共有 2.08×10^{170} 种可能性。这是一个无比巨大的数字，因为宇宙中的原子总数不过也才 10^{80} 个，意思是围棋棋局的可能性远远超过了宇宙中的原子总数，更比国际象棋复杂得多。正因为如此，人

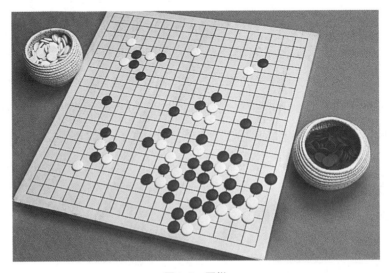

图 1-1　围棋

工智能在围棋领域一直无法取得突破。

后来，人工智能研究者们献出了终极武器——深度学习。深度学习是人工智能领域中的热门科目，它可以帮助计算机理解大量图像、声音和文本形式的数据，利用多层次的神经网络，使计算机能够像人类一样观察、学习和思考（后文将会具体讲解深度学习）。人工智能程序 AlphaGo 就是由 Google 旗下 DeepMind 公司戴密斯·哈萨比斯领衔的团队在基于深度学习技术的基础上开发的。2016 年 3 月，AlphaGo 在韩国首尔与围棋世界冠军、韩国顶尖棋手李世石进行了一次五番棋对决，结果震惊全球：AlphaGo 以 4 ：1 的绝对优势击败了李世石，成为第一个击败专业人类围棋玩家的计算机程序，更是第一个击败围棋世界冠军的计算机程序。

专家们研究发现，在比赛期间，AlphaGo 采取了一些极具创造性的下法，推进了人类在围棋史上数百年的思维定式，以自己独特的方式向全世界传授了全新的围棋知识。从此以后，AlphaGo 就一直在创造奇迹，令人惊叹不已。

2016 年 12 月 29 日，一些专业围棋对战网站突然出现了一位名叫 Master 的棋手，他最高以 60 连胜的战绩横扫了围棋界的所有顶尖高手，掀起了一场"腥风血雨"。其手下败将包括中日韩三国的最强选手：柯洁、井山裕太和朴廷桓，他们三人在与 AlphaGo 对战过程中甚至毫无还手之力。后来证实这个聪明绝顶的棋手 Master 就是 AlphaGo 的升级版本。

2017 年 5 月 27 日，升级版本的 AlphaGo 对战世界围棋冠军、中国棋手柯洁。柯洁 6 岁开始学棋，10 岁拿到全国冠军，22 岁成为围棋史上最年轻的七冠王。然而，在与 AlphaGo 对弈的过程中，他却偷偷跑到角落里哭泣，他说自己赢不了，但是再绝望也要把棋下完。

图 1-2　柯洁对战 AlphaGo

虽然柯洁在比赛中表现得非常的出色，但是他仍以 0∶3 的比分输给了 AlphaGo。这场人机大战可以说是令人惊叹的盛宴，比赛双方都展现出了围棋比赛的最高水平，这足以证明新型人工智能的能力。由于人类的计算能力在计算机面前处于弱势，所以人工智能赢得比赛也是合乎情理的事情了。

我们在惊叹于 AlphaGo 所向披靡之余，不禁会想，是什么铸就了它的辉煌战绩呢？其实 AlphaGo 的核心技术是深度学习、强化学习和蒙特卡洛树搜索的有机结合。如此一来，它不仅具有高深的博弈能力，更具备了围棋的全局观。简单来说，AlphaGo 由两套深度神经网络组成，一套是策略网络，即预测和选择下一步棋的走法；另一套是价值网络，即估计当前局面的胜负。

AlphaGo 的训练可以分成三步。第一步是学习，它首先从专业棋手的棋路中，通过监督学习训练深度卷积神经网络，学习人类棋手下棋方法，这个策略网络称作"监督学习策略网络"；第二步是对弈，通过让两个训练好的监督学习策略网络进行对弈来训练出一个更强的策略网络，这个策略网络称作"强化学习策略网络"；第三步是训练，利用强化学习策略网络对弈的数据作为输入，通过深度卷积神经网络训练价值网络。对弈过程中采用的是蒙特卡洛模拟方法，针对当前棋局，根据策略网络的建议，有限制地向前模拟展开行为树，并用估值网络估计每种走法的胜率，在展开足够的搜索后选择最优的下一步棋。虽然 AlphaGo 只是用来下围棋，但它的算法比"深蓝"更具有通用性，其思想可以被运用在更多的领域。如果有人想要测试一个新的自我学习的人工智能程序及其性能，可以把它同 AlphaGo 程序进行比较分析①。

2017 年 10 月，*Nature* 杂志上发表了最新一代围棋程序 AlphaGo Zero 的论文，专家们将该论文描述为"在复杂领域中迈向纯粹强化学习的重要一步"。之所以这么说，是因为 AlphaGo Zero 不同于早期的 AlphaGo，它不是通过训练成千上万的人类对弈经验来学习如何下围棋，而是在没有人类数据的情况下自己玩围棋，可以称作是从零开始。采用这种新的方法后，AlphaGo Zero 在对弈中表现得更加出色，超越了以前的所有版本，可以说是有史以来最强的"围棋选手"。

DeepMind 公司是怎么做到的呢？答案是简化背后的架构。他们将策略和价值网络统一到一个神经网络中，并结合一个更简单的树搜索，依靠这个单一的神经网络来评估位置和样本移动，而无需执行指令后再推算。这可以被认为是单个顶级专业人员在下一步行动中为系统提供建议，而不是从数百名业余玩家那里获得普遍解决方法。AlphaGo Zero 架构的简化也极大地加速了系统运行，同时还降低了

---

① 刘宗凡：《阿尔法狗与人工智能》，《中国信息技术教育》2017 年第 5 期。

所需的计算能力。

我们也许可以利用 AlphaGo Zero 的算法突破去帮助解决各种紧迫的现实问题，这些问题与围棋等游戏具有相似的属性，如蛋白质折叠或设计新材料。如果我们可以在这些问题上取得进展，那么它就有潜力推动人们理解生命，并以积极的方式影响我们的生活。

2017 年底，DeepMind 公司推出了 AlphaZero，它是一个单独的系统，从头开始教你掌握国际象棋、日本象棋和围棋等游戏下法，并且在各个领域击败了世界冠军。该系统的初步成效非常让人振奋，国际象棋界的成员们称，他们在 AlphaZero 打游戏的过程中看到了一种突破性的、高度动态的和非传统的游戏风格，与之前的任何国际象棋游戏引擎都不同。AlphaZero 这种重新学习每个游戏的能力，不受人类游戏规范的约束，开启了独特的、非传统的但具有创造性和动态的游戏风格。国际象棋大师马修·萨德勒和娜塔莎·里根已经分析了数以千计的 AlphaZero 国际象棋游戏过程，并出版了一本名为 *Game Changer* 的书籍，书中表示 AlphaZero 是一个与任何传统的国际象棋引擎都不同的存在。

传统的国际象棋引擎，包括世界计算机国际象棋冠军鳕鱼象棋和 IBM 突破性的深蓝，都依赖于复杂的游戏规则和由顶级人类玩家通过经验总结出来的每一步的可能性。而 AlphaZero 采用了完全不同的方法，它使用的是深度神经网络和通用算法，这些算法只需要了解游戏的基本规则就可以了。为了学习每一个游戏，一个未经训练的神经网络要玩数百场游戏，通过一个称为强化学习的试验和纠错过程来进行自我对抗。起初，它完全是随机地进行游戏，但随着时间的推移，系统从胜利和失败中学习，然后调整神经网络的参数，使其更有可能在下一局游戏中作出更有利的选择。神经网络在不同的游戏中需要不同的培训时间，这取决于游戏的风格和复杂程度，国际象棋大约需要 9 个小时来训练，日本象棋大约需要 12 个小时，而围棋则需要 13 天①。

AlphaGo 让我们意识到，人工智能有可能帮助社会发现新知识并从中受益，它不仅仅是一个围棋界的竞争对手，还是一款激励围棋玩家尝试新策略并在这种拥有 3000 年历史的游戏中发现新想法的工具。

虽然 AlphaGo 正在退出围棋界，但它不是彻底结束了。Deep-Mind 公司计划发表一篇最终的学术论文，详细介绍他们对算法效率和在更广泛问题中推广潜力的观点。希望到时候其他人工智能开发者能够拿起接力棒，并利用这些新进展来构建他们自己的强大围棋程序库。人工智能的一大承诺是它有助于我们在复杂领域发掘新知识。自从 AlphaGo 在韩国首尔取得历史性成功以来，AlphaGo 已经为古老的围棋游戏开辟了一个新纪元。

第二节　OpenAI Five 战胜人类顶级游戏玩家

Dota2 是一款实时战略游戏，比赛由两支队伍参与，每支队伍 5 名玩家，玩家每人控制一名英雄。这款游戏的奖金高达 4000 万美元，金额位列电竞游戏界榜首，是世界上最受欢迎、最复杂的电子竞技游戏之一。2018 年 8 月 6 日当天，一支名为 OpenAI Five 的队伍向一支半职业战队发起了挑战，他们的游戏水平高于 99.95％的玩家，其中还有 4 人是 Dota2 前职业玩家。但不幸的是，胜利的天平并没有向

---

① 陈轶翔：《未来触手可及——AlphaZero 学棋记》，《世界科学》2018 年第 2 期。

图 1-3　OpenAI Five 对战半职业战队现场

他们倾斜，最终 OpenAI Five 以 2：1 的成绩赢得了本次比赛，这是
OpenAI Five 首次在 5v5 战局中对战职业选手。

那么 OpenAI Five 究竟是何方神圣呢？它来自一家名为 OpenAI
的公司，这家公司于 2016 年由硅谷"钢铁侠"马斯克创立，是一个
人工智能非营利组织，其目的是推动人工智能的发展。OpenAI Five
是这家公司开发的，由 5 个相互独立的网络构成（每个网络代表一个
玩家），专门用来打 5v5 Dota2。成立至今，OpenAI 一直致力于通用
型人工智能（AGI）的研究，他们认为人工智能能在复杂游戏中达到
人类的执行能力是实现 AGI 的第一步。

早在对战半职业战队之前，也就是 2017 年 8 月，OpenAI Five 受
邀参加了 TI7 比赛。TI 是 Dota2 国际邀请赛（the International Dota2
Championships）的简称，创立于 2011 年，每年举行一届，是一个
全球性的电子竞技赛事。这次比赛是 1v1，OpenAI Five 对战人类顶
级玩家登迪。作为世界知名的 Dota2 职业选手，登迪曾带领 Navi 战
队拿下了 TI1 冠军，TI2、TI3 亚军，其操作更是灵活多变。但他在

OpenAI Five 面前并没有想象中那么强势，开局仅仅 10 分钟就输掉了第一局比赛，第二局比赛也在开局仅仅几分钟后就缴械投降，第三局比赛直接认输，人类玩家中的王者在 OpenAI Five 面前似乎有点不堪一击。

如果有人告诉你 OpenAI Five 只需要花 1 个小时就可以打败内置的 AI，花 2 周的时间就自学出师，你会相信吗？即使你难以置信，但这就是事实。OpenAI Five 采用深度强化学习算法，工程师不需要事先告诉系统任何的策略和规则，它要做的就是每天跟自己比赛。据悉，OpenAI Five 每天玩的游戏次数人类玩家要玩 180 年，使用了 128000 个 CPU 内核和 256 个 GPU。起初，大脑一片空白的 OpenAI Five 只会在地图上乱跑，莫名死在塔下它就明白了乱跑会输，于是就选择待在家里不出来。但是这样小兵又会慢慢的攻塔，看来待在家里也会输掉游戏……就这样，无数的自我博弈把它磨炼成了游戏专家，并且这个专家还是速成的。

在战胜了人类顶级玩家登迪和半职业战队后，OpenAI Five 再一次向人类发起了挑战。2018 年 8 月，OpenAI Five 参加了 Dota2 最高水平的国际赛事 TI8，第一轮比赛的对手是世界排名第 18 位的 paiN Gaming。这一次 OpenAI Five 再也没有前两次的好运了，激战 51 分钟后输掉了本次比赛。在整个比赛过程中，虽然 OpenAI Five 在控制、支援和对血量的把握上优于 PG 战队，但整个打法还是缺乏智慧，经常浪费团队资源，金币数量仅稍微领先过一次，最终输掉了本次比赛。而 PG 战队是 TI8 比赛中最先被淘汰的一支队伍。在第二场公开表演赛中 OpenAI Five 对战来自中国的战队 Superstar，45 分钟后 OpenAI Five 再一次输掉了比赛。至此，OpenAI Five 连输两场比赛，结束了自己的 TI8 之旅。最终人类守住了电子竞技的阵地，但又能守住多久呢？

第三节　探索无人领域的 ANYmal

翻译、打游戏、智慧城市、人脸识别……人工智能给我们的生活带来了数不尽的惊喜，再普通的人每天都能够享受到它给我们生活带来的乐趣和便利。但人工智能除了在生活、娱乐方面颇具天赋外，在生产、工作中也毫不逊色。2019 年 1 月，瑞士的一家公司研发出了一个名为 ANYmal 的机器人，重约 32 公斤，每条腿长约 55 厘米，有三个驱动自由度，即髋关节外展 / 内收、髋关节屈曲 / 伸展和膝关节屈曲 / 伸展，号称可以去到任何地方，如雪地、森林、复杂的管道……可以帮助人们完成许多艰巨的任务，如勘探隧道、进入火灾现场、查看危险化工设备参数、搬运货物、探索宇宙……它有着坚硬的躯体，更加顽强的生命力，还具备了防尘防水的能力，它的存在不仅可以减轻人类的工作负担，还可以减少许多不必要的牺牲。

ANYmal 是一种腿式机器人，腿式机器人的研发是机器人领域最大的挑战之一。它的设计灵感来源于自然界，拥有四条腿的 ANYmal 看起来就像一只中型犬。相比于履带式 / 轮式机器人，更像生物的它即使是在崎岖的山路和复杂的地理环境中也可同样运转。这一切都得益于神经网络。与 OpenAI Five 不同，ANYmal 并没有采用强化学习进行训练，虽然强化学习需要的技巧最少，并且可以促进控制策略的自然演化，但到目前为止，对腿式机器人的强化学习研究还局限于仿真，在实际系统中的应用相对较少。相反，神经网络的应用使 ANYmal 能够精准而高效地遵循高水平的身体速度命令。此外，ANYmal 还采用了电动执行机构作为驱动器，在保证可以准确测量关节处扭矩的同时，还大大增强了 ANYmal 的抗冲击能力。但腿式机器人的设计仍然存在着许多问题，从控制的角度看，这些机器人是高维非光滑系统，具有许多物理约束：接触点会随着时间的推移而变化，并取决于正在执行的操作，因此不能预先指定；腿式机器人的分析模型往往是不准确的，导致动力学不确定性……

图 1-4　上：ANYmal 在森林中前行
下：ANYmal 在雪地中攀爬

针对上述问题，ANYmal 给出了自己的解决方案，其创建的控制策略——基于学习的控制方法。第一步是对机器人的物理参数进行辨识，并对辨识过程中的不确定性进行估计；第二步是通过自我监督学习训练一个执行器网络来模拟复杂的执行器 / 软件状态；第三步是利用前两步生成的模型来训练控制策略；第四步则是将训练好的策略直接部署到实际物理系统上。这种方法与现有的基于模型的控制方法相比具有许多优势：首先，在仿真的基础上，无需对物理机器人进行烦琐的调整就可以获得较高的运动技能；刚体仿真和执行器网络结合而成的混合仿真器以每秒 50 万步的速度运行，使仿真运行速度比实时快了 1000 倍左右；并且 ANYmal 在使用简单网络进行推理时，在单个 CPU 线程上只需要花费 25 毫秒，大约只占用了机器人可用机载资源的 0.1%；此外，虽然这些行为都是单独训练的，但它们享有共同的代码库——只有高级任务描述会随着行为改变，而根据特定任务设计的控制器每次在进行新的操作时都必须从头开始。其次，该控制器使 ANYmal 能够比之前在相同硬件上运行的最佳现有控制器更准确、更高效地执行基本速度命令，速度在原有基础上提高了 25%。

除了基于学习的控制方法外，ANYmal 还搭载了一个学习恢复控制器，这使得 ANYmal 获得了一项特殊的技能——运动恢复，即 ANYmal 可以通过动态滚动来使自己恢复到操作状态。这对于腿式机器人来说非常重要，因为腿式机器人在移动时触点会发生改变，容易下降，一旦机器人摔倒就只能在操作人员的帮助下才能恢复可操作状态。同时，这种操作是极具挑战的，因为它涉及多个未指定的内部和外部接触，还需要所有肢体动作的良好协调，而且必须利用动量来动态翻转机器人。但是，恢复控制器的设计有效的解决了这一问题。有了它的存在，即使 ANYmal 处于完全颠倒的状态和复杂的接触场景，也能成功站立。图 1-5 演示了搭乘了学习恢复控制器的 ANYmal 从随机初始配置到配置完成的过程，完成这 6 个动作只需要花不到 3 秒钟的时间。

图 1-5　ANYmal 的动态恢复过程

在 ANYmal 之前，已经有许多公司、研究院、机构等发布了各式各样的腿式机器人，如波士顿动力公司、麻省理工学院等，它们都各有所长。其中，波士顿动力公司推出了一系列配备液压执行机构的机器人，有了高能量密度的燃料来提供动力，它们的运行性能得到了极大的提高。但由于系统的限制，机器人的体积不能缩小，通常都大于 40 公斤，并且在运行的过程中还会产生噪声，所以它们通常只在室外使用。另外一个颇具前途的腿式机器人就是麻省理工学院的"猎豹"了，"猎豹"配置了电动执行机构，采用了先进的驱动技术设计，是一个快速、高效、功能强大的腿式机器人，并且在室内也可以使用。但它是一个主要针对速度优化的研究平台，对电池寿命、转向能力、机械强度等没有进行全面的评估。与波士顿动力公司和麻省理工学院相比，ANYmal 并没有过分的追求速度，为了更加的强健、可靠和多才多艺，ANYmal 的运行速度只有 1.2 米 / 秒，而波士顿动力公司"野猫"的运行速度高达 8.5 米 / 秒，"猎豹"的速度也达到了 5.0 米 / 秒。但这并没有影响 ANYmal 的性能，它可以克服巨大的障碍物，所有的关节都可以 360°旋转，激光传感器的应用为自主导航提供了更加精确的测量，持续 3 个小时的电池供电和自动停靠并充电，可以通过深度相机感知环境并穿越崎岖的山路……

很多人说 ANYmal 是目前为止最好的腿式机器人，因为它有着强大的系统，可以适应各种复杂的地理环境，防尘防水的设计可以帮助它进入各种危险之地，灵活的四肢，动态恢复的能力都让它变得更加强大。但是，很快就会有新的腿式机器人出现，它会比 ANYmal 更加强大。就这样，随着不断的更新换代，完全实用化的腿式机器人会走进我们的生活，它们或许会成为消防员的得力助手，或许会出现在爆破现场，甚至飞向外太空。

可以看到，人工智能已经进入我们生活中的方方面面，从语音助手、机器翻译到人脸识别、"智慧城市"，再到医疗、安防、金融……

无数智能产品默默渗透进我们的生活，不断改变着，也将继续改变着我们的生活方式。今天，人工智能处于爆炸时期，各行各业都在借助它的力量完成改造升级，我们从它的身上获得了强大的力量，这股力量帮助我们解放了部分劳动力、提高了生产效率、丰富了日常生活……但是，目前人工智能还处于初级阶段，就像一个正在不断学习、成长的小孩。我们相信，这个孩子终将会在全世界的关注、培育下逐渐长大。在未来的某一天，我们肯定会迎来人工智能的高级阶段、更成熟阶段。那时，我们的生活会发生天翻地覆的变化，让我们一起期待吧！

第四节　完胜人类眼球的人脸识别技术

人脸识别技术是一种生物识别技术，起源于 20 世纪 50 年代，但到了 20 世纪 60 年代才开始着手人脸识别的工程化应用研究。当时主要是通过分析人脸的结构、五官特征等来进行识别。一旦面部表情发生变化，识别就会不准确。到了 1991 年，基于组成成分分析和统计特征技术的"特征脸"方法问世了。之后，随着机器学习理论的发展，基于遗传算法、支持向量机的人脸识别相继问世。2009—2012 年可以说是人脸识别发展的关键阶段。当时，最好的人脸识别系统在受限环境下已经可以达到 99% 的精度，但是在非受限环境下精度只能达到 80%。于是研究者们逐渐展开了对非受限环节下人脸识别技术的研究。很快，2013 年，微软的人脸识别就在 LFW 上获得了 95.17% 的精度。LFW 人脸识别公开竞赛，由美国马萨诸塞大学发布并维护的公开人脸数集，测试数据规模为万。2014 年可以说是人脸识别发展史上的一座里程碑。香港中文大学首次将卷积神经网络应用到人脸识别上，并采用了 20 万数据进行训练，使人脸识别精度在 LFW 上第一次超过人类。

人脸识别起源于美国，我国从 20 世纪 90 年代才开始接触。但经过科研人员和学者们的不懈努力，我国人脸识别实现了弯道超车，成为世界人脸识别的领军者。其中最好的算法能够在 1 秒内识别一千万人。

在我国，提到人脸识别技术大家首先会想到的人就是汤晓鸥，他被称为"人脸识别第一人"。1990 年，刚从中科大毕业的汤晓鸥选择前往罗切斯特大学深造。1 年后，他进入站在计算机视觉金字塔尖的麻省理工学院攻读博士学位。在这里，他第一次接触到人脸识别。博士毕业后，他来到香港中文大学任教，并于 2001 年建立了香港中文大学多媒体实验室，为社会培养出了一大批懂计算机视觉的高精尖技术人才。因此，这间实验室被称为计算机视觉领域的"黄埔军校"。

2014 年，汤教授带领团队研发出了 GaussianFace 人脸识别算法，准确率高达 98.52%，成为世界上首次超越人眼识别率（97.53%）的算法，为汤教授打响了人脸识别技术的第一枪。而后，美国国际数据集团——世界上最大的风险投资公司的资本合伙人牛奎光亲自前往香港拜访汤教授，斥资数千万美元，创立商汤科技，实现了产业落地，此举加快了人脸识别生活化的步伐。之后几年，他们对算法进行改进。2015 年，准确率上升至 99.55%，用于训练的人脸数量为 30 万；2016 年，误识率为百万分之一，用于训练的人脸数量为 6000 万；2017 年，误识率为亿万分之一，用于训练的人脸数量为 20 亿。目前，商汤科技已经与国内外 700 多家公司建立了合作，人脸识别被应用到人类生活的各个领域，真真切切改变了人们的生活。

商汤科技与苏宁易购展开了全面合作，共同研发人脸识别功能在无人购物、会员管理、支付验证等方面的应用，探索人工智能对提升个性化购物体验、赋能消费大数据分析、优化运营效率的价值。

商汤科技除了和苏宁易购达成合作外，还为新浪微博提供技术支持，实现了脸部特效、美颜、手势识别、前背景分割等功能，大大提升了新浪微博的用户体验。同时，也通过SensePhoto手机图像处理方案为VIVO和OPPO提供了人像拍照、双摄方案、人脸聚类相册等功能。此外，还与上海西岸集团联合搭建了"智慧空间公共管理平台"，实现了公共安全管理、智慧区域运营等功能，让市民能够享受到更安全、更便捷、更贴心的人性化服务。这一系列的产品落地都离不开商汤科技的核心技术——人脸识别。那么，一直让商汤引以为傲的人脸识别到底有何独到之处呢？

商汤科技的人脸识别主要包括人脸检测跟踪、人脸关键点定位、人脸身份认证、人脸属性、人脸聚类、真人检测，它们的作用各不相同。

人脸检测跟踪可以在移动设备和个人电脑上实现毫秒级别的人脸检测，即使在背景复杂、低质量的图片或百人人群检测视频中也同样适用；该技术还适用于侧脸、遮挡、模糊、表情变化等各种实际情况。人脸关键点定位技术可以实现毫秒级别眼、

图1-6 上：人脸检测跟踪技术 下：人脸关键点定位技术

口、鼻轮廓等人脸 21、106、240 个关键点定位，支持不同精度的人脸关键点定位。人脸身份认证技术可以实现毫秒级别检索大规模人脸数据库或监控视频，快速给出给定人脸样本身份；在认证出 96% 的人脸时，误检率低于十万分之一。人脸属性技术主要用于识别性别、年龄、种族、表情、饰品、胡须、面部动作状态等信息。人脸聚类技术可以实现数十万人脸的快速聚类，可用于基于人脸的智能相册以及基于合影的社交网络分析。真人检测技术主要是用于检测被检测物体是否是真人操作，能否有效分辨高清照片、PS、三维模型、换脸等仿冒欺诈。

人脸识别是人工智能的一个重要领域，它就像人类的眼睛，有了它的帮助人工智能系统才能看见世界，了解世界。人类离开了眼睛世界就会失去色彩，人工智能的发展如果没有人脸识别的支撑也会少了许多乐趣。汤晓鸥教授带领的商汤科技以及谷歌、Facebook、微软等互联网公司都在用心画着这双眼睛，在他们的共同努力下，人脸识别已经融入了我们的生活。小到刷卡支付、门禁系统，大到社会安防、城市智能化建设，都能看到它的身影。但这双眼睛还存在许多问题亟待解决。

人脸识别整个过程通俗地讲就是用摄像头采集人脸的图像或者视频流，通过自动跟踪和检测将给定的图像特征和信息与数据库中的进行对比，当相似度超过设定的阈值时，就输出结果。识别出人像后就可以进行一系列的操作了。总的来说，整个过程只包含了识别和对比两个步骤。但看似简单的过程实则包含了光照、表情姿态、遮挡、年龄化、人脸相似等问题。光照投射出的阴影会加强或减弱原有的人脸特征，不同的表情姿态、年龄变化导致的容貌改变都会影响识别的准确率。所以，这双眼睛并没有那么好画。但最终能够画到多好，就值得我们期待了。

第五节　机器翻译打破人类沟通局限

随着经济、贸易的全球化发展，全球互联互通已经成为不可阻挡的趋势，解决语言障碍是其中的关键一步。追溯人类起源，我们的祖先是否从一开始就有着语言隔阂呢？到底发生了什么使得人类不得不在翻译的道路上苦苦探索呢？假如今天的人类都说着同一种语言，跨越了语言障碍的我们是否会在科技上取得更加耀眼的成果呢？在《圣经》中记载了一段关于人类起源的故事，或许可以给你一个美妙的解释。

亚当和夏娃在偷吃禁果后被上帝赶出了伊甸园，来到人间的他们生育了许多子女，随着子女的不断传宗接代，人类的队伍逐渐壮大。人间美貌的女子吸引了邪灵的注意力，贪慕美色的邪灵就化作人类的身体跑到人间与人类结合。他们的后代继承了神的基因，体格异常强壮，常常仗着自己强壮的身体欺凌弱小。渐渐地，人间充满了邪恶、厮杀和暴力，变得混乱不堪。这一切激怒了上帝，他后悔当初创造了人类，决心发一场洪水消灭人类、走兽、昆虫和飞鸟。但是上帝念及诺亚一家为人善良，还时常劝诫人们远离罪恶，便托梦告诉诺亚自己即将毁灭人间的一切邪恶，让他们造一艘方舟，以便在洪水来临时逃生。方舟造好后，上帝在诺亚 600 岁生日的那天发动了洪水，洪水淹没了一切。

洪水退去后，只有诺亚一家活了下来。他们就开始在新的大陆上繁衍后代，诺亚的子孙越来越多，于是他们开始向东迁移，并选择了一片平原定居下来。那时的人类都是诺亚的后代，都说着同样的语言，他们决心要建造一座直插云霄的通天塔，也就是巴别塔。人类的

图 1-7　《圣经》中的巴别塔

举动激怒了上帝，为了阻止人类建造巴别塔的计划，上帝来到人间，将人类分散到世界各地并改变了他们的语言，无法沟通的人类自然就没办法再齐心协力建造巴别塔了。

人类建造巴别塔的计划失败后，语言隔阂成了人类沟通的最大障碍。早在公元前 196 年，在罗塞塔石碑上就同时出现了古埃及文、古希腊文以及当地文字三种语言，这是人类历史上记载的最早的人工翻译事件。从公元 196 年至今，人类一直致力于打破语言隔阂，翻译的手段也从人工翻译转变成了机器翻译。随着信息技术的发展，机器翻译成了当下最流行、最被看好的翻译方式，但它的成长过程并不是一帆风顺的。

1949 年，美国科学家 Warren Weave 在《翻译备忘录》中正式提出了机器翻译的思想。1954 年，IBM 公司和美国乔治敦（Georgetown University）大学联合开发了世界上第一台翻译计算机——IBM-701。IBM-701 的诞生代表着机器翻译思想的落地，为机器翻译带来了曙光。除了美国以外，世界各国也纷纷投入了大量资金支持机器翻译的研究，中国也不例外。1956 年，中国也将机器翻译纳入了全国科学工作发展规划。一年后，中国就开展了汉俄机器翻译实验并成功翻译了 9 种不同类型的句子。然而，光明还未出现，黑暗就已经来临。1964 年，由美国科学院成立的语言自动处理咨询委员会（Automatic Language Proce-ssing Advisory Committe）发布了一则报告，笼罩了整个机器翻译界，该报告就是著名的《机器与语言》。报告否定了机器翻译的可行性，并宣称机器翻译在近期或者可预见的未来是不可能开发出有用的翻译系统的。这份报告的横空出世，浇灭了 IBM-701 为美国机器翻译点燃的熊熊烈火，直接导致美国机器翻译停滞 10 年。到 20 世纪 70 年代中后期，计算机技术和语言学的发展才重新点燃了机器翻译的火焰。

机器翻译从被热捧到被冷落再到复出，或许世界各地的人们骨子里都有着对建造巴别塔失败的不甘心，无论怎样都没有放弃过对机器翻译的研究。直到今天，我们再一次看到了机器翻译的曙光。今天的世界，全球科技飞速发展，电子信息技术不断完善，人类向着下一次工业革命大步迈进，全球互联互通日益频繁，人类从来没有像今天这样渴望机器翻译这一"逆天技术"变为现实。其中，以 IBM、谷歌、微软、阿里巴巴、腾讯、百度、网易等为代表的国内外科研机构和企业均相继成立了机器翻译团队，专门从事机器翻译研究，矢志打破人类交流障碍。

一、谷歌翻译的神秘预言

目前为止，机器翻译一共经历了基于规则、基于统计模型和基于神经网络（正在经历）的三个时代。世界上第一台翻译计算机 IBM-701 就是采用的基于规则的翻译方法，通俗地讲这种翻译方法就是根据词典逐字进行翻译。不难想象，这种没有思想的方法在面对复杂的句子时会闹出怎样的笑话。到了 20 世纪 80 年代，这种翻译方法就消失了，取而代之的是基于统计模型的翻译方法。统计机器翻译 SMT（Statistical Machine Translation）的基本思想是利用机器对大量的平行语料进行分析，得出一定的"经验"，当遇到新的句子时，机器再根据以往学习的"经验"来进行翻译。直到 2013 年，基于神经网络的机器翻译 NMT（Neural Mahcine Translation）走进人们的视野，与统计机器翻译展开了角逐。经过 3 年的变革，2016 年，机器翻译彻底进入了基于神经网络翻译的时代。2016 年 9 月，谷歌就推出了全球首个谷歌神经网络机器翻译系统 GNMT（Google Neural Machine Translation），并将所有的谷歌翻译产品进行了更新。但这一次的升级换代却出现了一件令大家哭笑不得的事情。

在谷歌推出新翻译系统后，互联网的亡灵巫师 Michal Dvorak 就注意到只要在谷歌翻译软件中输入"dog"19 次，并将输入语言切换成毛利语，输出语言选择英语，系统就会翻译出这样一段话："Doomsday Clock is three minutes at twelve. We are experiencing characters and a dramatic developments in the world，which indicate that we are increasingly approaching the end times and Jesus' return." 翻译成汉语就是："世界末日还差 3 分钟到 12 点。我们正在经历世界上的人物和戏剧性的发展，这表明我们越来越接近末日和耶稣的回归。"原本毫无意义的 19 个单词，在经过 GNMT 的翻译后却变成了令人毛骨悚然的一段话。但这并不能否定神经机器翻译本身所展现出来的强大优势——复杂句型翻译更加准确，翻译速度和翻译准确性都得到了极大的提高，并且翻译准确性会随着翻译文本的增加而提高。

2013 年，谷歌凭借其敏锐的嗅觉率先掌握了神经机器翻译时代的主动权，而后仅花了 3 年时间就研发出了 GNMT，GNMT 的诞生不仅点燃了世界机器翻译研发的火花，也推动了谷歌自身机器翻译的发展。作为机器翻译领域的强者，目前谷歌拥有 100 种语言，覆盖了 99% 的网民，每天免费提供的翻译次数高达 10 亿次。惊人的数字背后谷歌翻译到底给人类生活带来了怎样的改变呢？它又拥有哪些惊人的黑科技呢？

你说我翻译

当你出国旅游或者偶遇外国友人的求助时，不用担心，打开谷歌翻译，选择双方的语种，通过谷歌翻译，任何一方说的话都能被翻译成对应的语言。快速准确的翻译过程，解决了旅行过程中大多数的交流障碍。

随拍随翻译

当你在餐馆点菜却发现完全看不懂菜单时，只要使用手机摄像头就能立即翻译这些字词，再也不用担心点到不合口味的菜了。这项功能甚至可以离线使用。如果你没有流量或去了没有 Wifi 的地方，不要担心，即使没有网，也能使用谷歌翻译，提前下载所需翻译语种的离线文件就行了，谷歌翻译可以离线运行，无论是在丛林里、飞机上，还是在星辰大海。当然，除了菜单外，谷歌翻译可以翻译所有你摄像头拍下的语言，正所谓镜头有多大，翻译的舞台就有多大。

二、取得两次世界冠军的搜狗翻译

搜狗是我国最大规模单一语音平台，其语音识别准确率高达 98%，语音输入日频次超 4 亿次，实时转写准确率和响应速度位居行业首位，强大的语音识别技术使搜狗在翻译领域占据了得天独厚的优势。有了语音识别技术的支撑，再凭借搜狗多年来通过搜索和输入法两大核心引擎构建的庞大数据库，搜狗开发了国内首个基于深度学习的全神经翻译商务系统——搜狗翻译。

搜狗机器翻译团队成立于2016年。很快，2016年11月搜狗CEO王小川就带着搜狗自主研发的机器同传技术亮相第三届互联网大会，作为全球首个采用神经网络的机器同传技术，在这次大会上搜狗赚足了眼球。简单地说，机器同传其实就是实时语音识别和实时翻译技术的结合，搜狗有了前期在语音识别领域奠定的基础，做起翻译来自然得心应手。在本次大会上，搜狗机器同传做的主要工作就是将嘉宾说的中文翻译成英文，并实时显示在大屏幕上。此外，嘉宾说的中文也会随着英文在大屏幕上显示。

随后，搜狗同传又在前哨大会、雷锋网CCF-GAIR、世界经济论坛商业圆桌会、香港RISE大会等国际会议上"悉数亮相"，成为行业活动标配，为来自世界各国的嘉宾提供了中英双语同传服务。在2018年的世界互联网大会上王小川又展示了搜狗最新升级的"基于语音合成的机器同传技术"，获得媒体及合作伙伴的一致好评。搜狗机器翻译除了在同传界名声大噪外，还在2017年和2018年先后两次在翻译领域夺得全球第一。随后，2018年，搜狗机器翻译又向国际顶级口语翻译测评大赛——IWSLT（International Workshop on Spoken Language Translation）发起了挑战，最终获得了Baseline Model赛道的冠军。

从2011年涉足语音识别技术再到2016年成立机器翻译团队，而后连续两年在全球翻译顶尖比赛上获得世界冠军，搜狗用实力向世界展现了中国机器翻译的强大实力和不断探索的必胜决心。或许机器翻译想要真正取代人工翻译还有很长一段时间，但最终站在翻译顶端的国家中一定少不了中国的身影。

第二章
无处不在的人工智能

1955 年，人工智能的概念首次在关于召开"人工智能夏季研讨会"的建议书中被提出。从此，人类开启了人工智能的大门。但这扇门背后的路并不好走，热情过后，1973 年，人工智能的冬天到来了。在沉寂的日子里总有那么些人在坚持着，1990 年，在人工智能科学家罗德尼·布鲁克斯的推动下，人工智能复兴了。人与机器的战争也就此打响。从超级计算机"深蓝"战胜人类国际象棋冠军加里·卡斯帕罗夫，到 iRobot 公司发明了第一个家用机器人 Roomba（自动吸尘机器人），再到 2008 年，苹果新推出的 iPhone 手机上出现了谷歌语音识别应用，2011 年 IBM 的沃森 (Watson) 在美国智力竞赛节目《危险边缘》中击败了有史以来表现最好的人类选手，紧接着，2015 年 AlphaGo 战胜世界围棋冠军李世石，2017 年 OpenAI Five 战胜人类顶级 Dota2 玩家登迪……人机大战愈演愈烈，每一次的对决都给人工智能带来了新的突破。终于，2017 年，人工智能迎来了全面爆发的时代，越来越多的人工智能产品走进人们的生活，不断在给我们带来惊喜。

第一节　智能语音助手

智能时代到来之前，拥有私人助理对大多数人来说是一件不可能的事情。人类一直在寻求更加便利、智能的交流方式。最开始我们使用电报，但逐渐发现电报没有"人情味"，于是我们发明了固定电话。随着时间的推移，固定电话也不再能满足人们的需求，因此催生了移动电话。就这样，手机按照人们的需求不断地升级换代，直到 2011年 10 月 4 日，苹果公司发布了搭载 Siri 的 iPhone 4s，智能语音助手从科幻小说走进了人们的生活。

一、能说会道的 Siri

作为最早的语音助手，Siri 起源于 2003 年的一项科学研究——美国历史上最大型的人工智能项目 CALO（Cognitive Assistant that Learns and Organizes）。这个项目由美国国防部出资赞助，非盈利调查机构 SRI International 负责。项目汇聚了全球人工智能方面的顶尖科研人员，历时 5 年，耗资 1.5 亿美元，前后 500 人参与其中，旨在研发出一款能协助军方指挥官完成信息处理和办公任务的虚拟助手软件。CALO 就是 Siri 的灵感来源。

1946 年，斯坦福大学基金会创建了 SRI 实验室。1970 年，SRI 实验室正式从斯坦福大学独立出来。从成立至今，这间位于加利福尼亚州门罗帕克市的研究机构将科幻电影、小说中的众多不可能变成了现实，其中值得一提的作品就包括喷墨打印机、液晶显示器和迪士尼乐园等。SRI 实验室独立出来以后，其领导的研究项目大多由政府机构或企业出资赞助。随后，那些颇具潜力、被市场看好的成果便走出

实验室，成立了公司。Siri 公司就是由 SRI 实验室的工程师史蒂夫·沃兹尼亚克联合几位朋友创立的。

2007 年秋天，苹果公司发布了初代 iPhone，给智能手机市场带来了革命性的改变。很快，吉特劳斯和他的小伙伴们便意识到，未来语音交互将打破传统的图像交互，智能语音助手的前景一片光明。于是，吉特劳斯劝说奇耶辞去了 SRI 的工作，一起成立了 Siri 公司。

图 2-1　Siri 公司的三位联合创始人：奇耶、吉特劳斯和格鲁伯（从左到右）

很快，2008 年 Siri 公司就拿到了 850 万美元的投资。此时的 Siri 还是一个不会说话的"哑巴"，只会以文本的形式与用户交流。它可以链接到 42 个不同的网页服务，通过自然语言处理判断用户的意图，然后从这些网页中返回一个答案，使用户不打开另一个应用程序就能实现定位、叫出租车等功能。Siri 首次亮相是在 2010 年，当时它只是 APP Store 中的一款 APP。上线两周后，这款语音助手就吸引了乔布斯的注意，两个月后 iPhone 就正式宣布收购 Siri，从此 Siri 便成为了 iPhone 的私人管家。

iPhone 收购 Siri 以后，扩展了 Siri 的语言库并为 Siri 装上了"嘴巴"，这个会说话的助理在 iPhone 4s 的发布会上进行了第二次亮相，并成了 iPhone 4s 最大的亮点。与 iPhone 4s 结合在一起后，Siri 的功能也变得更加强大，可以安排会议、阅读邮件、查看天气……这一切都只需要用户输入语音。

如今，Siri 在机器学习技术的帮助下正在变得越来越智能，你可以对 Siri 进行个性化设置，让它更贴近你的需要；你能从 21 种不同语言中选择想要 Siri 使用的语言；你还可以告诉 Siri 你的家庭成员有哪些；你甚至可以拼出少见的字词，方便 Siri 以后辨认……但近来，Siri 的表现似乎不尽如人意。

从 Siri 第一次在 APP Store 亮相到今天，已经有了 9 年的时间。很遗憾的是，这个最早登场、被大众熟知的智能语音助手并没有把握住先机，被谷歌的 Assistant 后来居上。2018 年，LoupVentures 对市面上流行的 4 款智能语音助手进行了测试，分别询问了它们 800 个问题，Assistant 以 87.9% 的正确率排名第一，Siri 正确率为 74.6%，亚马逊 Alexa 正确率为 72.55%，微软 Cortana 正确率为 63.4%。

国外的智能语音助手发展得如火如荼，国内市场也群雄逐鹿，涌现出了一大批诸如百度度秘、小米小爱、阿里天猫精灵、京东叮咚的智能语音助手。

二、家居管家度秘（DuerOS）

度秘是百度开发的对话式人工智能操作系统，与 Siri 不同的是，它除了可以搭载在手机上，还可以搭载在各种家居产品上，如电视机、音箱、冰箱、陪伴机器人等，是一位名副其实的家居管家。作为

一款开放式的操作系统，度秘通过云端大脑进行自动学习让机器具备人类的语言能力。

搭载度秘的智能冰箱

将度秘应用到搭载了 Android、Linux 系统的冰箱上，可以语音控制冰箱温度、管理食材、查询菜谱；搜索音乐、视频、相声等各种日常信息，并理解记忆用户指令，实现一次搜索过程的多轮交互；还可以查询天气、预定闹钟、网上购物等。通过这些功能，用户可以清楚了解冰箱内食材数量、保质期。相信有这样一位专业的冰箱管家，厨房生活也会变得更加轻松愉快。目前，度秘已经和海尔合作开发了海尔馨厨人工智能冰箱。

图 2-2　度秘和海尔合作开发的馨厨人工智能冰箱

度秘在智能家居中的应用远不止智能冰箱这一实例，还包括豆浆机、扫地机器人、插座、电视、窗帘、空调、台灯等一系列家居用品。它们使我们的生活更加智能。

搭载度秘的智能机器人

搭载了度秘的智能机器人可以实现五大功能。聊天陪伴：和用户可以进行多轮交互，理解用户真实意图，陪伴用户聊天；信息查询：可以通过语音交互方式，即时满足各种需求，找到最合适的信息；应用控制：通过语音，能对机器人设备的各项能力进行控制，还可以控制其他搭载了度秘系统的智能家电和智能受控设备，如冰箱、电视、空调、灯的开关等；影音播放：通过语音交互实现音乐播放、点歌、选电影、切换 FM、获取有声新闻等功能；图像识别：不管是拍题询问，还是用照片查询花卉、明星等内容，借助强大的图像识别及搜索能力，度秘都能够帮您找到最合适的信息。

通过这些功能，度秘的加入可以让机器人更加智能、贴心、可靠。让它变为你生活中真正的好朋友，为你处理忙碌的生活，给孩子提供丰富、有趣的教学内容；同时帮助合作方降低人工智能开发门槛，让万千用户享受科技红利。

从《钢铁侠》中的贾维斯，到《流浪地球》中的 Moss，智能语音助理备受科幻电影的青睐。从电影中我们可以看到，无论是贾维斯还是 Moss，它们的思维几乎和人类一样，甚至比人类更加理性，计

图 2-3　搭载了度秘的机器人

算能力也远超人类……科幻电影中的智能语音助理代表了人类对未来的想象和憧憬，勾画出了未来语音助理的美好蓝图。但回归现实，现阶段的智能语音助理还处于初级阶段，"智商"和"情商"都还有待提高。过去十年，人类一直在追寻一种可以和自己交流的计算机技术，虽然梦想还很遥远，但在逐梦道路上我们的信息技术、移动用户界面已经取得了巨大进步。漫漫逐梦路，要相信理想与现实定会并存，终有一天，拥有科幻电影中的私人助理不再是一种奢求。

第二节　建设智能化生态之城

改革开放至今，经过 40 多年的实践，我国城镇建设取得了优异的成绩。目前，我国仍将继续处于城镇化加速发展的阶段，每年仍有上千万的农村人口进入城市，未来城市还将承载越来越多的人口。随着城市人口的增多，能源不足、交通拥挤、环境污染、水源污染等"城市病"逐渐成为困扰各个城市建设与管理的难题。为了解决这些问题，并实现城市健康、可持续的发展，智慧城市应运而生，建设智能化生态之城已经成为必然。

早在 2008 年，全球最大的信息技术和业务解决方案公司 IBM（International Business Machines Corporation）就首次提出了"智慧地球"的理念，旨在将新一代的信息通信技术充分应用在地球的可持续发展中。当时，全球爆发了金融危机，世界各国都急需一个新的经济增长点。而"智慧地球"所包含的提高城市产能、运行管理效率和信息技术水平等观点正好符合当时世界普遍城市化、信息技术快速发展的时代特点，因此"智慧地球"这一理念迅速得到了世界各国的关注，中国也不例外。

2008 年国际金融危机后，中国于 2009 年提出用 4 万亿元资金应对金融危机，选择什么作为新的经济增长点就成为大家思考的问题。这时智慧城市就受到了社会各界的关注，这也是智慧城市首次亮相中国。随后，2012 年中国正式启动国家智慧城市试点项目；2014 年首次将智慧城市建设引入国家战略规划；2016 年在"十三五"规划中提出"以基础设施智能化、巩固服务便利化、社会治理精细化为重点，充分运用现代信息技术和大数据，建设一批新型示范性智慧城市"。截至 2017 年底，中国超过 500 个城市已明确提出建设"智慧城市"。预计到 2021 年，市场规模将达到 18.7 万亿元。可以看出，中国对智慧城市建设是十分重视的。

一、阿里巴巴建设的城市大脑

针对"智慧城市"建设，中国各大企业都提出了精彩的解决方案。继 IBM 提出"智慧地球"后，阿里巴巴于 2013 年开启了"智慧城市"探索之旅，并于 2016 年 10 月提出了"城市大脑"，其主要任务如下：

城市事件感知与智能处理

通过视频识别交通事故、拥堵状况，融合互联网数据及接警数据，及时全面的对城市突发情况进行感知。结合智能车辆调度技术，对警、消、救等各类车辆进行联合指挥调度，同时联动红绿灯对紧急事件特种车辆进行优先通行控制。从而降低事件的平均处理时长。

社区与安全

通过"城市大脑"用视频分析技术为整个城市建立索引，并使用算法对视频进行实时识别和分析，改善城市安全质量，提高城市应急效率。

交通拥堵与信号控制

利用高德、交警微波、视频数据的融合，对高架和地面道路的交通现状进行全面评价、精准分析，最终锁定拥堵原因。再通过对红绿灯配时优化实时调控全城的信号灯，从而降低区域拥堵。

公共出行与运营车辆调度

利用高德视频数据等对城市的人群分布情况进行感知、监控，再根据实际情况调整、规划城市公共交通的班次，从而有效地减少城市拥堵现象。这一功能在萧山区进行了试点，通过调用 120 实时 NLP 智能语音分析，计算机自动求解出救护车需要经过的路径，并给出救护车经过几个关键节点的时间，最后再根据时间调整信号灯，即让信号灯提前几十秒开放绿色通道，从而减少救护车中途的等待时间。从事件报警、信号控制到交通勤务快速联动，整个智能化的人机联动过程使得救护车到达现场的时间缩短了一半。

"城市大脑"就像是"智慧城市"的 CPU，主要负责城市中各种类型数据的收集、分析和处理，它的出现推动了"智慧城市"的建设进程。2018 年 9 月，新公布的"城市大脑"2.0 数据显示：目前杭州"城市大脑"已覆盖主城区、余杭区、萧山区共 420 平方公里；优化信号灯路口 1300 个，覆盖杭州 1/4 路口，同时还接入了视频 4500 路；通过交警手持的移动终端，大脑已可实时指挥 200 多名交警。这一系列数据表明，"城市大脑"符合"智慧城市"的建设理念，它的出现在一定程度上改善了民生，看好了部分"城市病"。立足杭州，着眼全国，我们相信未来"城市大脑"一定可以在中国"智慧城市"建设进程中发光发亮。

二、打造农业养殖新模式

一直以来，我国都是农业大国，农业对我国经济发展至关重要。虽然我国在现代农业上已经取得了一定的成绩，但随着人工智能、互联网、信息技术、遥感技术、大数据的发展，智慧农业成为世界现代农业发展的重要方向，我国农业再次面临转型。农业科技革命将给我国带来巨大的经济效益，预计 2020 年，我国智慧农业市场规模将达到 267.61 亿美元。

（一）AI 养猪

我国是全球猪肉消费第一大国，也是猪肉生产第一大国，平均每年出栏 7 亿头猪。据前瞻产业研究院发布的《中国生猪养殖行业市场前瞻与投资预测分析报告》统计数据显示，2018 年我国生猪养殖市场规模达 8000 亿元。虽然我国生猪养殖市场占比较大，但大多数养殖场在养殖方法上较为传统，缺乏现代化的养殖体系，与欧美国家的信息化管理还有一定的差距。

从 2009 年网易开始养猪，到 2017 年京东养牛，2018 年腾讯也涉足养猪市场，国内互联网巨头纷纷加入养殖行业，助力农业智能化发展。其中，京东推出了"猪脸识别技术"。

图 2-4　"猪脸识别技术"

该技术是生物识别技术的一种，比人脸识别技术难度要高，因为扫描对象是动态的，并且面部特征经常会被脏东西覆盖，识别难度大，需要处理的数据也更多。"猪脸识别技术"给每头猪都建立"个人档案"，记录它们的种类、来源、体重、生长情况以及健康状况等，养殖系统再根据这些信息精准投放饲料，保证每头猪的体重都处于完美状态。此外，该系统还可以自动调节风机、水帘、暖气设备，保证猪舍的温度、湿度都在合理范围内。根据京东提供的数据显示，该系统可以减少30%—50%的人工成本和8%—10%的饲料使用量，且生猪平均出栏时间缩短5—8天。

生猪养殖有两大重要指标：PSY 和 MSY。目前，我国平均 PSY 约为15，而美国平均 PSY 为25，这意味着我国每头母猪每年生产的猪崽比美国要少10头。并且我国每头猪的平均养殖成本是美国的2倍。为了提高产量、降低成本，阿里巴巴推出了农业大脑系统，该系统运用图像处理、语音识别、人脸识别、物流算法等人工智能技术，通过自动巡逻摄像头收集到的母猪姿态、进食数据，来判断母猪配种是否成功。如果系统发现有母猪配种失败，便会通知工作人员进行人工授精，以此来确保生猪产量。猪崽出生后，该系统利用语音识别和红外线测温技术，记录猪崽的叫声和温度，从而判断其生长状况。

（二）AI 种植

联合国粮农组织2017年发布报告显示，全球有8亿人处于饥饿状态，即全世界每9个人中就有1个人在忍受饥饿，5岁以下儿童每12人中就有1人因食物短缺和营养不足受到生命威胁。造成这种现象，一方面是由于全球人口持续增加；另一方面则是种植技术不够智能化，世界上大部分地区的农业种植还处于"看天吃饭"的阶段。为了解决因气候原因造成的农产品产量的降低，人工智能向种植业进

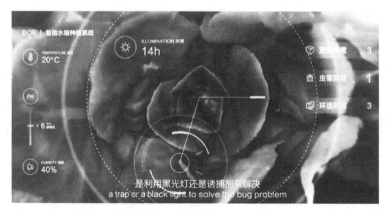

图 2-5 "智能水培种植系统"

军，帮助提高农作物产量。

　　人工智能技术在种植业领域的广泛应用，主要体现在以下方面。培育初期，通过人工智能系统对从物联网获取的数据进行分析，从而指导灌溉用水、合理施肥，帮助筛选和改良农作物基因，从而增强抗虫性、增加产量。生长期，利用计算机视觉技术帮助识别农作物品种、病害程度和杂草生长状况。机器学习技术可以处理卫星图像数据，预测天气变化，解决传统农业种植"看天吃饭"的问题。生产期，从品质检查、分类、包装都通过机械臂完成。

　　以往农作物的生长依赖于土壤中的营养，种植户通过向土壤供肥来提高产量。如果遇上病虫害，会喷洒农药，从而造成农药残留。且整个种植过程周期长、需要耗费大量的人力。智能水培种植系统跳出了传统种植方式，利用人工智能技术，通过建立无土栽培蔬菜的克重识别模型、虫害监控模型、生长影响因素模型来实现智能供水施肥、病虫灾害预警。相比于传统的大田种植，智能水培种植系统不仅缩短了培育周期，还节约了 90% 的水。

三、无人驾驶——Waymo

随着深度学习技术的崛起和人工智能的广泛应用，自动驾驶作为人工智能领域中非常重要的一个应用，也受到了大家的广泛关注。自动驾驶又称无人驾驶，是一种依靠视觉计算、监控装置、传感器网络以及全球定位系统等协同合作，让计算机在没有人类操作的情况下，自动安全地操控机动车辆的技术。实现自动驾驶一直是人类长期以来的梦想，因为它不仅能减轻驾驶者的工作量，还能够为一些不能自己驾驶汽车的人，提供自助出行的机会，最重要的是成熟的自动驾驶技术能够极大地保证我们的交通安全，降低交通事故的发生频率。

似乎在短短的几年内，自动驾驶技术就从幻想变成了现实，实际上，完善自动驾驶技术的发展道路远比发现自动驾驶技术要长得多。其实，自动驾驶技术到现在已有数十年的历史，但是近年来人们对它的研究才取得了一些显著的突破，这让自动驾驶汽车终于有了进入实际生活的可能。

图 2-6　Waymo 无人车

从 2009 年开始，谷歌公司开始秘密开发无人驾驶汽车项目，该项目被称为 Waymo，其含义是 "A New Way Forward in Mobility(未来新的机动方式)"。2017 年 10 月，谷歌发布了 Waymo 无人车的安全报告书，和大家分享了谷歌在自动驾驶领域多年来的技术经验。该报告之所以有重要的可信价值，是因为这是谷歌公司从 350 万英里实际驾驶，以及上千万英里的模拟驾驶中得到的宝贵数据和值得借鉴与思考的经验和教训[①]。

安全，是 Waymo 的核心任务，也是我们对无人驾驶最大的关注点之一。只有安全的自动驾驶汽车才会被人们所接受。Waymo 将安全设计分为 5 个部分，即行为安全、功能安全、碰撞安全、操作安全以及非碰撞安全。通过组合不同测试方法，逐步验证 Waymo 无人车驾驶过程的安全，从而保证车辆在道路上进行决策、行为规范并且能应对一定的突发情况，且当系统出现故障时能够通过备份系统和冗余机制进行处理，在碰撞和非碰撞危害发生时，提高车辆内部乘客的安全系数。Waymo 使用了预先危险性分析、故障树等风险评估方法，以及考虑并设计失效模式和后果分析来保障安全。在相对全面考虑安全问题的基础上，Waymo 在公共道路区域进行了驾驶测试以及模拟驾驶环境测试，进而为安全驾驶提供分析案例，消除潜在的危险。

Waymo 自动驾驶汽车的技术与如今的汽车技术有所不同，如今的汽车采用的自适应巡航控制以及车道保持系统，在汽车运行过程中需要驾驶员不断地监察，而 Waymo 驾驶系统可以无人参与，集成的软硬件让 Waymo 自动驾驶汽车能够 "自己" 驾驶自己，执行可以操

---

① 朱耘：《Waymo 来了，无人驾驶在路上》，《商学院》2017 年第 9 期。

作的所有驾驶功能。国际汽车工程师学会对于自动驾驶系统进行驾驶性能级别的划分，而 Waymo 的自动驾驶技术达到了 Level4 的级别，不同于初级的 Level1、Level2、Level3 自动驾驶技术，Level4 级别能够使车辆在无故障情况下，无需人类干预便具备安全制停的能力，极大降低安全风险。Waymo 的全自动驾驶技术最大的优点就是让人一直保持"乘客"身份。

Waymo 的驾驶技术可以从其首批探索的高级驾驶员辅助技术谈起。在 2012 年 Waymo 测试了 Level3 级别的自动驾驶系统，不过当时的 Waymo 还不能脱离人类监察，如果人类对该技术过度依赖却没有仔细监控路况，那么有可能会导致十分严峻的后果。此外，该驾驶系统需要人类不断在"乘客"和"司机"的角色之间进行快速转换，这无疑增加了人类的负担。而后为了处理好这个问题，Waymo 团队赋予了自动驾驶汽车强大的"视觉系统"，即高精度，能够 24 小时、360°监控的车辆传感器，它的视野面积可以达到约 3 个足球场这么大。传感器之间可以无缝协同工作，确保能够绘制出完整的 3D 图像，捕捉完整的动态和静态路况。

在传感器系统中，首先得提到的是激光雷达系统，每秒 30 万公里的速度为测距提供了极高的精度，每秒向周围输出的数百万个激光脉冲，能够快速准确捕获车辆与周围物体之间的距离关系。此外，还有照相机系统。人类具备 120°的视野，而 Waymo 的高分辨率视觉系统能够拥有 360°的视野，车辆周围的环境一览无余，且高视觉系统能够识别色彩，这告诉我们对于交通指示灯和车辆尾灯等信号，Waymo 也能够成功识别。更巧妙的是，Waymo 通过使用多套高分辨率相机组合确保视觉系统能够在长距离或者光线过强或过弱的情形下依然能够很好地工作。雷达系统也是 Waymo 传感器系统中不可或缺的一员。雷达的优势在于可以通过波长感知物体运动就算是在恶劣的环境中依然如此，这意味着，雷达系统让 Waymo 能够在如雨、雾、雪等恶劣的天气中，仍然能够发挥对前、后和两侧车辆行驶速度以及车辆周围环境的检测。当然，Waymo 还利用音频检测、GPS等系统收集"声音"，以及辅助 Waymo 了解所处地理位置的信息。也正是这一套强大的传感器系统，使得 Waymo 具备了一定抗干扰能力。

如果说传感器系统是 Waymo 的躯体，那么自动驾驶软件可以称作自动驾驶汽车的"大脑"，正是这个"大脑"对传感器系统采集数据信息的处理，Waymo 才能作出最佳的车辆驾驶决策。

Waymo 耗费了 8 年时间来锻造并不断完善这些自动驾驶软件，其中使用了机器学习和一些先进工程技术，经过安全检测、数十亿英里的模拟驾驶，以及超过 350 万英里的实际道路测试，Waymo 自动驾驶收获了丰富的驾驶经验。

Waymo 能达到 Level4 的自动驾驶技术最关键的还是其软件的 3个核心部分：感知、行为以及规划。这赋予了 Waymo 不仅只是检测物体的能力，还有一定的"理解能力"，能够预测周围物体可能出现的举止，这就一定程度解决了行人横穿马路造成的困扰。

其中感知指的是 Waymo 软件在估算速度、加速度等信息的同时，还将检测的图像转换成即时图像，这对于 Waymo 能够识别交通信息——判断交通信号灯和车灯颜色以及车道是否畅通大有裨益。

行为预测意味着软件不仅仅只是检测周围环境和物体，还能对每一个对象的意向或者趋势进行建模、预测以及理解，大量的驾驶测试经验为 Waymo 积累了高精度的模型。

在行为预测后，Waymo 可以通过预测结果，规划绘制车辆的行

驶路线。在此过程中，Waymo 特意考虑了避开驾驶者的盲点区域，为行人等留出适当的空间，比如当车道正在施工的时候，考虑到车道上的自行车有变道的可能，Waymo 会为自行车减速或者为其腾出空间。

虽然 Waymo 有诸多优点，但也并不是在哪里都能够行驶的。结合法律法规以及地理位置，Waymo 的运行范围被设计确定，因此 Waymo 的路线不能够出现在被设计运行范围以外的区域，这同样是为了保证自动驾驶过程中的安全，不过据 Waymo 设计团队表示，未来的 Waymo 可能会有更大的运行范围，以及更强的应对突发情况的性能。

车辆冗余问题的解决同样是以安全为前提的，Waymo 为了应对故障情况，备有计算、制动、转向、电源、碰撞以及碰撞规避等系统，确保在突发状况下，仍然能够保证无人车上乘客的人身安全。除了保证 Waymo 无人车上的乘客安全，考虑到自动驾驶车辆的网络安全，Waymo 团队还建立了一个完整的识别和规定优先级的流程，能够有效降低网络安全风险。

Waymo 自动驾驶过程中也考虑了温度极冷和极热的情形。高温对如今的科技可谓一个不小的挑战，有的电子设备在高温下不能使用，甚至产生危险，因此 Waymo 安装了一个冷却系统，从而保证电子设备能够在非常高的温度下仍然能够正常工作。为此，Waymo 团队进行了包括地球曾记录的最高温度的风洞测试，在美国包括死亡峡谷在内的 3 个最热地区进行了实地驾驶测试。

Waymo 甚至还为无障碍服务设计了应用程序，拥有语音提示、盲文标签、视频显示和紧急情况互动等功能，能够与所服务对象无障碍交流。当遇到突发状况，它能够紧急靠边停下，确保乘客的安全。

虽然 Waymo 已经为确保安全作出了很大的努力，但是由于行人和地理条件等原因，Waymo 自动驾驶车辆仍发生了一些交通事故。

尽管对这项技术的未来仍有怀疑，无人驾驶产业相关公司仍然获得了巨额融资。大量新鲜资本的注入不仅能够保证无人驾驶产业的快速发展，也反映出无人驾驶产业具有光明的发展前景。一些行业将可能成为无人车的第一个实践领域，例如物流运输；一些人也可能因为无人车的出现完成自己一直不能做到的事情，比如盲人开车。

四、全球智慧城市典范——新加坡

国内"智慧城市"建设在阿里巴巴、腾讯、华为等大型企业的推动下进行得如火如荼，放眼全球，世界各国都在大力推进"智慧城市"进程。2018 年 3 月，一项由英特尔赞助的 Juniper Research 调查研究从城市出行、公共安全、医疗和生产力四个方面对智慧城市进行了排名，并公布了全球"智慧城市"TOP20 的榜单。无锡、银川、杭州三个城市上榜，但排名都相对落后，分别位列第 17、18 和 20 名，新加坡荣获第一。可以看出，我国"智慧城市"建设与国际先进城市相比还有一定的差距。

新加坡作为全球"智慧城市"的典范，于 2006 年提出了"智慧国 2015 计划"，旨在举全国之力建设"智慧城市"，并逐步建成智慧国家，帮助新加坡完成从"传统城市国家"向"智慧国"的转型。2014 年，新加坡又提出了"智慧国家 2025"的 10 年计划，成为全球第一个画完智慧国家蓝图的城市。从 2015 年 7 月，新加坡在国家知名数据公司 IDC 主持的"亚太区智慧城市发展指标"评选活动的 4 个类别中夺魁，到 2018 年位居全球"智慧城市"榜首，一路走来，关于"智慧城市"建设，新加坡给全球交出了一份参考答案。

智能巴士站

2018 年 3 月，新加坡首次推出了全球首个智能巴士站。该巴士站位于狮城大厦外，由新科工程子公司 Innosparks 用 18 个月研发建设完成。智能巴士站采用了由 Innosparks 研发的 Airbitat Oasis 智能冷气及净化系统。该系统可以感知巴士站周围的温度、湿度，探测人流量，根据不同的情况调整冷气的问题，不仅解决了等待巴士汗流浃背的问题，与一般的冷气系统相比还节约了 70% 的电力。此外，该系统还带有空气净化功能，可以有效过滤空气中 PM2.5 等有害物质。

智能医疗

新加坡智能医疗体系主要包括"老年人检测系统"和"远程医疗"两个方面。"老年人检测系统"通过在门口及室内安装传感器来检测老人的活动。一旦被监测者缺乏活动迹象或者系统监测到其他事故，系统将会立即向其家人或者专业人员发出警报。"远程医疗"即患者无需到医院就医，在家里就可以接受治疗和复诊。医护人员利用高清摄像头和音频，对患者进行诊断和复诊。这项措施不仅节约了患者看病的时间，还解决了城市医疗资源不足的问题。

智能交通系统

新加坡的人口密度排名世界第二，但堵车问题并没有困扰到他们，除了政府前瞻性的将 12% 的国土面积用来修路以外，新加坡畅通的城市交通还要感谢智能交通系统。该系统主要包括：城市快速路监控信息系统、车速信息系统、优化交通信号系统、出行者信息服务系统以及整合交通管理系统 5 个部分。由新加坡陆路交通管理局（简称陆交局）的智能交通中心负责建设、管理和运营，新加坡几乎所有的交通信息，都要通过这套系统进行数据收集、发布和管理。该套系统基本实现了对新加坡整个交通体系的监管和控制。预计到 2020 年，新加坡全新的交通管理系统将会投入使用。新一代的交通系统将在每辆车上安装智能行车器，通过他们来收集车辆行驶信息，并交给计算机处理。计算机对数据进行处理、分析后，将数据上传给管理人员，管理人员根据计算机提供的数据就能对全国范围内的汽车数量、平均车速、路况等信息进行检测，并作出合理调整。

第三节　突破生物医药研究局限

一、DeepMind 提高眼疾诊断率

人工智能发展到现在已经在疾病诊断上取得了巨大的成就，例如眼疾诊断。眼疾问题是一个重要的全球性健康问题，也是造成人类视力丧失的主要原因之一。我们都知道现代人对电子产品非常依赖，每天可能有一半的时间都坐在电脑前或者在看手机，这大大增大了患眼疾的风险。据统计，全球感染眼疾的人数已经超过了 2.85 亿，预计到 2050 年，该人数有可能会比现在增加两倍。

医院现在普遍使用光学相干断层扫描技术来检查眼睛状况，得到的医学影像反映了患者眼睛后部的详细情况，但是这些医学影像只有专家才能够分析和解读。医院扫描患者的眼部状况和专业医生分析医学影像的时间加在一起就是患者至少需要等待医治的时间，这段不短的时间可能就会导致患者不能及时得到医治。特别是有的患者突然出现问题，需要紧急护理，例如眼睛后部出血，这些时间上的延误可能

就会使患者失明。人工智能技术能够帮助我们解决这个问题①。

2016 年，DeepMind 开始与全球最好的眼科医院之一———伦敦 Moorfields 眼科医院合作，尝试处理大量医学影像数据，为人工智能诊断眼疾提供数据支持。2018 年 8 月，DeepMind 公司公布了与 Moorfields 眼科医院合作的第一阶段成果。该成果表明，DeepMind 公司的人工智能系统能够以前所未有的准确程度，快速解读常规临床实践中的眼部扫描结果。它可以像世界上顶尖的专家医生一样，正确地给眼部疾病患者推荐超过 50 种眼科疾病的转诊及治疗方法。虽然这些只是早期的成果，但也可以满足常规临床实践中发现的各种疾病。从长远来看，我们对它寄予厚望，希望可以帮助医生快速确定需要紧急治疗的患者，以挽救更多患者的视力。

DeepMind 公司的这一成果不仅是一项实验，更是有望用于真正的医学诊断的一个新应用。因此，该成果也面临着人工智能在临床实践上的一个主要障碍："黑匣子"问题，即为什么人工智能系统可以提出建议。事实上，这个"黑匣子"问题已经被 DeepMind 解决了，因为这套人工智能系统不仅可以识别眼疾，还能有理有据地讲出系统是如何进行判断的。

他们的系统采用了一种新的方法：将两个不同的神经网络结合起来。第一个神经网络称为分割网络，即分析光学相干断层扫描，它可以输出不同类型的不同疾病特征的图片，例如，出血、病变、不规则的液体或眼疾的其他症状。该图片能让医生深入了解系统是如何"思考"的。第二个神经网络称为分类网络，它可以为临床医生提供诊断建议，同时给出它的诊断过程，这样医生就可以根据这些数据判断它

---

① 萧毅、夏晨、张荣国、刘士远：《人工智能在医学影像中的应用讨论》，《第二军医大学学报》2018 年第 8 期。

是否诊断正确。

虽然这一初步进展已经比较让人满意，但是要想把它转化成产品并应用到实际中去，还需要严格的临床试验和监管审批。如果该技术能够通过临床试验的要求，Moorfields 眼科医院的临床医生将可以在其下属 30 家英国医院和社区诊所免费使用该技术 5 年，这样每个诊所都可以提高诊断的准确性和效率。

不可否认，人工智能比医生在诊断眼部疾病方面的确具有一定优势。一方面，他可以降低出错的风险。我们知道医生每天的工作量很大，长时间的工作会让医生感到疲惫，这增加了出错的风险。而人工智能的一大优势是可以避免因为劳累而出现的诊断失误。另一方面，他有比医生更强大的业务能力。医生看病往往不能当天给出诊断结果，但是人工智能可以在一秒钟内识别眼部图像并给出诊断建议，这大大缩短了患者等待医治的时间。除此之外，它还可以辅助医生诊断。我国人口众多，患者的需求自然也很多。如果将深度学习应用到眼部疾病诊断，就可以非常有效地辅助医生开展各项工作。

二、有效诊断多种癌症

人工智能是一项通用技术，因此，除了诊断眼疾，它还可以应用到其他各种类型的图像分析中，例如，头颈部癌放疗扫描图的分析，乳腺癌 X 光的筛查，皮肤癌的检测[1]，等等。

（一）头颈部癌症的放疗

头颈部癌是一个具有极高发病率和致死率的疾病，放疗是临床治疗头颈部癌的主要方法之一。由于头颈部癌常发病于人类的重要组织

---

[1]　潘亚玲、王晗琦、陆勇：《人工智能在医学影像 CAD 中的应用》，《国际医学放射学杂志》2019 年第 1 期。

器官，而目前放疗的精度并不能完全保证射线不伤害到其他细胞和器官，所以放疗的准确性和范围是一个非常重要并且很难把控的问题。如果不能对放疗的辐射剂量进行精确控制和准确投送，就有可能对病人的正常器官造成严重的误伤。因此，医生在三维 CT 图像上勾画肿瘤靶区时需要十分小心，且既费时又费力。随着世界人口日益增长和人口老龄化加剧，医疗卫生系统已经不堪重负。于是世界各地的人工智能研究者开始讨论，是否可以用人工智能来减少这些医学上重复性的工作，把医生从繁重的手动勾画工作中解放出来。

研究表示，人工智能确实能够更加高效地勾画靶区，但是精度还是不能满足临床的要求，世界各地的研究者们正在努力提高精确度。

（二）乳腺癌诊断

乳腺癌是全世界女性最常患的癌症之一，严重危害女性的身心健康并带来沉重的医疗和社会负担。乳腺癌检出、分期、疗效评估，以及随访的重要手段包括乳腺 X 线摄影、超声波、MRI 等影像技术，可以通过人工智能技术来辅助这些医学影像的诊断。

人工智能诊断技术是基于深度学习的，它包括语音识别和图像识别。原理是训练电脑构建多层人工神经网络，来解释现实生活中的各种数据反映的复杂模式和结构，该过程被认为与人的大脑新皮层神经元中出现的学习过程有相似之处。

据 Beth Israel Deaconess 医学中心和哈佛医学院的研究小组的研究报告显示，他们运用在检测乳腺癌上的人工智能方法有高达 92%的准确率，几乎快要赶上人类病理学家的 96%的准确率，如果将病理学家的分析与人工智能系统相结合，准确率将达到 99.5%。此外，据外媒报道，谷歌和美国一家医疗机构合作，利用人工智能诊断、监测乳腺癌，在转移性乳腺癌的监测中，谷歌人工智能系统获得了

99%的准确率。

以上例子让我们有充足的理由相信，人工智能系统能够帮助病理学家对乳腺癌作出更快速、更准确的诊断，并将影响我们在未来处理组织病理学图像的方式。

（三）皮肤癌诊断

皮肤癌也是常见的疾病之一，在美国，每年约有 540 万人罹患皮肤癌。以黑色素瘤为例，如果在 5 年之内的早期阶段检测并接受治疗，生存率在 97% 左右；但在晚期阶段，存活率会剧降至 14%。因此早期筛查对皮肤癌患者来说关乎性命。

有研究团队通过深度学习的方法训练机器识别了超过 10 万张皮肤病的照片，然后让专业医生和系统对 100 张恶性黑色素瘤或良性痣的照片进行分析，比较两者分辨癌症的能力。结果表明，人工智能诊断皮肤癌的能力首次超越了皮肤科医生。研究表示，人工智能将有助于加速诊断皮肤癌，使患者得以在癌细胞扩散前及早切除，也可以避免生长良性痣的病人因误诊而接受不必要的手术。

虽然它还不能完全取代医生，因为有的病灶比较特殊，人工智能还不能准确辨别。但是它已经敲开了通往医学新世界的大门，相信未来一定可以与专业医生们并肩作战。

三、AlphaFold 成功预测蛋白质结构

DeepMind 公司在 2018 年底新推出了人工智能算法 AlphaFold，该算法可以仅根据基因代码预测生成蛋白质的三维（3D）形状，并且尽可能地保持稳定。此项新研究表明人工智能在蛋白质折叠领域的成功应用，可能会以我们从未见过的方式来推动医学进步，具有非常重要的研究意义。

蛋白质是维持生命所必需的大而复杂的分子，我们身体所执行的所有功能几乎都可以追溯到一种或多种蛋白质，以及它们的移动和变化。任何给定的蛋白质可以做什么取决于其独特的 3D 结构。但是纯粹从其基因序列中找出蛋白质的 3D 形状是一项复杂的任务，科学家们已经为此奋战了几十年。预测氨基酸如何折叠成蛋白质的复杂 3D 结构就是所谓的"蛋白质折叠问题"。蛋白质越大，模型就越复杂和困难，因为氨基酸之间需要考虑更多的相互作用。正如 Levinthal 氏悖论中所指出的那样，在到达正确的 3D 结构之前，需要用比宇宙时代更长的时间来枚举典型蛋白质的所有可能配置。

你可能不知道研究蛋白质的折叠问题到底有多么重要，用个简单的例子来说，你正在浏览这本书时，蛋白质就在你的眼部肌肉中折叠分离，控制眼睛的移动。只有蛋白质正确折叠，人类的肌体才可以正常的活动。但是随着外界因素的影响和年龄的增大，蛋白质可能就不会那么有效地折叠了。所以，了解蛋白质应该如何折叠，以及如何保持它们的正确折叠，有助于科学家解决当今人类面临的基本健康问题，并有可能带来医学进步。

在过去的 50 年中，科学家们已经能够使用冷冻电子显微镜、核磁共振或 X 射线晶体学等实验技术来确定实验室中蛋白质的形状，但每种方法都依赖于大量的试验，并存在着很多的错误。这就是为什么生物学家正在转向人工智能方法，以此来替代这一漫长而费力的过程。幸运的是，由于基因测序成本的快速降低，基因组学领域的数据变得非常丰富。因此，在过去几年中，依赖于基因组数据的预测问题的深度学习方法变得越来越流行。

DeepMind 公司专注于从头开始建模目标形状的难题，而不使用先前解析的蛋白质作为模板，在预测蛋白质结构的物理性质时达到了高度的准确性，并且使用了两种不同的方法来预测完整的蛋白质结构。

这次蛋白质折叠的预测成功表明了机器学习系统整合各种信息来源，帮助科学家快速提出解决复杂问题的创造性方案的可能。正如我们已经看到人工智能如何通过 AlphaGo 和 AlphaZero 等系统帮助人们掌握复杂游戏，我们同样希望有一天，人工智能将帮助我们掌握基本的科学问题。

蛋白质折叠问题的这些早期进展，展示了将人工智能用于科学方面的实用性。尽管将人工智能应用于治疗疾病、管理环境等方面还有很多工作要做，但我们知道人工智能的潜力是巨大的，未来终有一天将会推动科学世界的进步，在更多的领域发挥更大的作用。

四、人工智能助力抗疫阻击战

2020 年新年钟声敲响之际，一场突如其来的新冠肺炎疫情在全球肆虐。在这场艰巨但又必胜的"战"役面前，党中央采取了一系列措施，人工智能适时发挥了强大的作用，在治疗、基因测序、宣传教育、疫苗研制等领域得到了有效应用，成为防疫战场上的一把利剑。

2 月 4 日，工业和信息化部科技司发布了《充分发挥人工智能赋能效用 协力抗击新型冠状病毒感染的肺炎疫情倡议书》。提倡人工智能相关学（协）会、联盟、企事业单位进一步发挥人工智能赋能效用，组织科研和生产力量，把加快有效支撑疫情防控的相关产品攻关和应用作为优先工作。倡议书指出：要加大科研攻关力度，尽快利用人工智能技术补齐疫情管控技术短板，快速推动产业生产与应用服务；充分挖掘新型冠状病毒感染肺炎诊疗以及疫情防控的应用场景，攻关并批量生产一批辅助诊断、快速测试、智能化设备、精准测量与目标

图 2-7 正在搭建中的方舱医院

识别等产品；着力保障疫期工作生活有序开展；优化人工智能算法和算力，助力病毒基因测序、疫苗／药物研发、蛋白筛选等药物研发攻关。

3 月 12 日，工信部上线了"人工智能支撑新冠肺炎疫情防控信息平台"。来自同盾科技的"基于知识图谱技术的企业风险人员监控与预警系统"和"智能疫情回访机器人"两款产品入选该平台。其中，"基于知识图谱技术的企业风险人员监控与预警系统"是通过企业疫情防控数据和网络发布公共信息，如发生疫情小区、疫情交通班次等，来构建企业员工有关地点聚集性的知识图谱。之后，系统会定时收集相关部门发布的疫情信息，一旦发现企业员工活动轨迹与疫情轨迹重合，系统就会发出报警。"智能疫情回访机器人"采用了语音识别、语音合成、语义理解等技术，主要用于重点人员筛查、疫情防控、宣传教育等工作场景，能够有效协助工作人员排查个人信息。

（一）人工智能诊断系统检测病毒

CT 检测是现代一种较先进的医学扫描检查技术，它利用 X 光线对人体某部位一定厚度进行扫描，把扫描所得信息经计算获得每个体素的 X 线衰减系数或吸收系数，排列成数字矩阵存储在光盘中，再经过数模转换器把数字矩阵中的每个数字转换成由黑到白不等灰度的小方块，并按矩阵排列，最终呈现的就是我们看到的 CT 图像。

以往的诊断过程中，医生根据自己的专业知识和诊断经验，用肉眼观察 CT 图像，为患者作出诊断。但这种诊断方式对于早期的病变很难察觉，无法将新冠肺炎和病毒性肺炎、细菌性肺炎区分开来。并且诊断结果往往是凭借医生的主观意见，难免存在差错。为了让诊断过程更加高效、精准，中核集团核工业总医院开展了关于"人工智能诊断系统在新型冠状病毒肺炎检测及肺炎鉴别诊断中的应用"的研究。

这套智能诊断系统是利用深度强化学习算法，通过大量的数据（CT 检查产生的图像数据），不断地学习和训练，从而达到智能诊断的目的。据核工业总医院新冠肺炎医疗救治专家组成员、影响诊断科主任范国华介绍，通常情况下，一个成人做一次胸部 CT 检查会产生四五百幅薄层图像，如果仅靠医生用肉眼观察、诊断会耗费大量的时间和精力。但拥有"火眼金睛"的智能诊断系统却能在几秒完成几百幅图像的检测工作。目前，核工业总医院开设了两台专用 CT 用于新型冠状肺炎病毒检测。

（二）人工智能技术绘制病毒基因图谱

2020 年 4 月 9 日，剑桥大学研究人员在《美国科学院院刊》上发表了一篇关于新冠病毒的几个变种和传播途径的研究报告。研究人员利用遗传网络技术，重建了新冠病毒的早期进化路径。通过分析第一批 160 个完整的病毒基因组，科学家们绘制了新冠病毒通过突变产生的原始谱系，由此论证正是这些突变产生了不同的病毒谱系。

该团队使用的数据是在 2019 年 12 月 24 日至 2020 年 3 月 4 日期间，从世界各地采样的病毒基因组中获得的。研究报告指出，新冠病毒已经产生了三个不同的变体，研究人员称其为 A、B、C。其中，新冠病毒与在蝙蝠体内发现的 A 型病毒最为相似，并且 A 型病毒曾经存在于武汉。但令人惊讶的是，A 型病毒并不是武汉的主要病毒类型。报告指出，研究人员在居住在武汉的美国人身上发现了变异的"A"型病毒，并且在美国和澳大利亚的患者中也发现了大量的 A 型病毒。而武汉存在的病毒主要是 B 型，它在东南亚患者的体中普遍存在。C 型病毒在法国、意大利、瑞典等欧洲国家的早期患者中被发现。

A 型病毒与在蝙蝠和穿山甲体内发现的病毒最为接近，它被称为暴发的根源。而 B 型病毒是由 A 型病毒派生而来，它们之间相隔两个突变。然后 C 型病毒又是从 B 型病毒派生而来。研究人员福斯特说，虽然还没有经过同行的审查，但最新的研究结果表明，新冠病毒的首次感染和传播是在 9 月中旬至 12 月初之间发生的。

此外，上海交通大学医学院向上海支援武汉的第三批医疗队捐赠了两台 AirFace 人工智能医疗服务机器人，医护人员亲切地称其为"小白"。它们被安排在武汉市第三医院 ICU 病房工作。"小白"包含了机器视觉、基于激光的空间位置信息等技术，具有人脸识别、远程协助、语音交互等功能。医护人员可以通过手机、平板等智能设备远程控制在 ICU 工作的"小白"，避免了病人与患者的直接接触，降低了医患之间的传播风险。从 1 月 23 日武汉"封城"，到 3 月初全国各地复工复产，4 月 8 日零时武汉解封，全国人民在党中央的领导下取得了防疫阻击战的阶段性胜利。但疾情形势依然严峻，防疫工作重点在于落实外防输入、内防扩散。

除了智能诊断和基因检测，人工智能还在宣传教育方面发挥了重要作用。疫情发生以来，广电总局设立在广科院的广播电视人工智能应用国家广播电视总局重点实验室，按照广电总局党组工作部署展开了一系列工作：搭建"5G+4K+AI+云"免接触录制平台；将人脸检测技术和热成像技术相结合，精准定位发热人员；采用多种人工智能算法，智能辟谣，精准发布疫情动态。

第四节　网络助手提供更好的消费推荐

随着全球人工智能技术的不断发展，Google、Facebook、Amazon等互联网公司都相继推出了自己的智能机器人，争取在人工智能时代抢占先机。像阿里巴巴和eBay这样的电商巨头们也应用了许多人工智能技术，为消费者提供更好的消费推荐。

2015年7月，阿里巴巴推出了一款智能客服机器人，名叫"阿里小蜜"。它通过电子商务领域与智能人机交互领域的结合，为传统电商领域注入了新的血液，带来了品质的提升。据报道，它能够解决顾客提出的大部分问题，只要你点开淘宝，就可以找到它。

虽然目前看来智能客服已经取得了很大的进步，但从长远发展来看，还有很长的路要走。一方面，目前的人工智能技术水平还不足以让智能客服取代人工客服。智能客服在对顾客意图的理解和对特殊问题的解决上还存在许多不足，因此当下最常见的方式还是智能与人工相结合。遇到常见的问题时，智能客服能够解决，但遇到复杂的问题时，还是需要转接人工客服。另一方面则是"主动"与"被动"的问题。智能客服还不能像人工客服一样主动与顾客进行沟通，提高交易的成功率，它目前还只能被动地、机械地回答问题。

2018年7月4日，阿里巴巴推出了最新的人工智能技术，名为Fashion AI，这项新技术旨在帮顾客搭配衣服。他们在香港理工大学校园里开设了"Fashion AI概念店"，也叫"时尚之心概念店"，这是

世界第一家人工智能服饰店。用流行的话语来说，这家店算是一家"快闪店"，它总共只开放了4天的时间。在这家店里，如果你看上一件衣服，人工智能客服会马上为你提供搭配建议，只需1秒钟，它就能给出100套穿搭建议。这100套穿搭建议也不一定全在线下的店面里，因为出身阿里巴巴的Fashion AI，还可以和你的淘宝数据相连，根据你平时的购买喜好，给你推荐适合你的搭配，完美引诱你"剁手"。除了智能推荐之外，这个体验店与普通的线下商场相比，还提供了来自互联网的更优用户体验。比如，试衣服的时候想换个款式或者尺码，只需在试衣镜上再次下单，等着店员送过来，无需呼朋唤友，更无需走出试衣间。你可能会怀疑来自计算机程序的时尚建议真的靠谱吗？其实早在2011年，阿里巴巴就已经开始研究这个Fashion AI项目了。他们研究的数据来自淘宝上50多万潮人的搭配方案。在接收到消费者的搭配需求后，系统会迅速在属性、颜色、风格等维度进行匹配，找到该单品最完美的搭配方法，给消费者解决了穿搭烦恼。不要以为它只会快速地进行搭配，其实它目前的搭配水平已经达到了一般网店搭配师的水平，搭配出来的服装一定不会让你失望。

eBay是电子商务领域的一个早期的成功的公司，它创立于1995年9月，总部位于美国加利福尼亚州。发展到现在，eBay开始利用人工智能技术来维持消费者的忠诚度。它利用机器学习来分析卖家的产品描述，然后借此寻找同类产品。

2016年10月，eBay加入了Facebook Messenger机器人平台的科技公司，推出了智能个人购物助手ShopBot。ShopBot智能助手利用了自然语言处理和机器学习等人工智能技术，能帮助消费者在eBay上搜寻最实惠的商品，或者帮助消费者轻松地找到感兴趣的产品。像淘宝一样，用户可以通过文本、语音或使用与特定产品相关的图像与智能助手进行交互。

　　人工智能已经贯穿于零售业的电子商务领域，并应用于多个更加细分的领域，这些细分领域包括处理顾客服务咨询、产品包装与交付以及员工内部操作。相信未来人工智能的应用将会更加广泛[①]。

---

① 《一亿网民，需要怎样的网络助手软件？》，《计算机与网络》2006 年第 1 期。

第三章
智能机器人

随着时代进步，人们对生活品质的要求也越来越高。然而，在我们日常生活中，许多任务是枯燥乏味的，甚至部分工作还极具危险性，且需要大量训练并拥有丰富的经验。如今，伴随着人工智能的热潮，我们的生活工作中，也逐步走入了许多智能机器人，那么你是否好奇，这些越来越"聪慧"的小帮手，可以给我们的生活带来哪些"助攻"呢？

事实上，能够按照人们需求，从外部获取信息，自动运行并实现一定功能的机器，都可以归为智能机器人的范畴，它们拥有丰富的外形，有的甚至和人类的外貌大相径庭。而如今，通过模仿或参考人类解决问题的过程，赋予机器学习以及完成任务能力的人工智能技术，已经引起业界甚至国际层次的广泛重视。近年来，我们在生活中除了可以常常听到机器翻译、无人驾驶、智能医疗、智能语音助手，以及智能家居等和我们日常生活切实相关的人工智能"小帮手"，同样地，还有如四足机器人、人形机器人，以及无人直升机等在日常和军事方面工作独当一面的人工智能助手带来便益，可以说，人工智能已经迈入我们的工作中。

AI 让全球经济扩大 10 倍。

——图灵奖获得者罗杰·瑞迪

AI 的目的是帮助人学习，让人成长。

——百度创始人李彦宏

人工智能的全球化趋势已是不可阻挡。

——腾讯 CEO 马化腾

第一节 四足机器人

波士顿动力①曾推出过一款类似大型犬的仿生四足机器人，这款机器人因得到美国国防部高级研究计划局资助而备受关注，由于它运动起来酷似四足动物的姿态，因此获得了"Big Dog"的美称，中国的朋友幽默地称之为"大狗"。"大狗"除了拥有讨人喜欢的俏皮样貌，还在许多领域拥有着应用潜力。尤其是其本身就是基于军事研究的产物，"大狗"可以帮助军队携带补给，能够协助士兵负载弹药，从而减少士兵负重，增强士兵的作战能力。确切地说，"大狗"和士兵协同作战或在未来成为可能。

也许，有的读者朋友曾经在朋友圈看过这样一个视频——一个头上装有"独角"的四足犬形机器人，通过不懈努力和尝试，终于依靠自己的力量打开大门。这个来自波士顿动力公司官方宣传片中的主人

---

① 美国一家致力于研究动作自然的智能机器人公司，在智能机器人领域享有盛誉。本章节关于四足机器人图片来源于 Boston Dynamics 官网。

公，就是与"大狗"同根同源的姊妹机器人"迷你Spot"。这款与"大狗"有着密切关系的四足机器人是波士顿动力公司基于商业目的开发的，而它仿佛真正的宠物一般的"蠢萌"动作，让它一夜之间变成了"网红"。

当然了，开门可不是我们"大狗"系列机器人唯一主业。立志于更"自然"，更"稳定"的机器人设计的波士顿动力公司，还给予了"大狗"许多惊艳的能力。

相较于传统的履带式机器人，四足机器人对于处理复杂地貌在某些方面有着更优越的性能。基于四足保持平衡的特点，"大狗"机器人能够适应不同环境，并从环境中得到及时反馈，进而调整重心。所谓"他强任他强，清风拂山岗"，就算在人为地施加"拳打脚踢"下，"大狗"仍然能够如"勇士"般屹立不倒，"大狗"机器人拥有着优越的保持平衡的能力。

在"大狗"的宣传视屏中可以看到，它遭到测试人员多次猛踢，晃晃悠悠地几步后，快速地调整了自己的身体，然后继续保持站立不倒的英姿。而且在雪地、泥洼中，"大狗"机器人依然能够如履平地，化作山林中穿梭的一道"魅影"。此外，"大狗"机器人还能客串"木牛流马"的角色，这也是"大狗"机器人职责之一，帮士兵们运输战略、生活物资等，其负载能力、避障能力以及奔跑速度都相当出色。那么这些小助手们有哪些类型，能帮助人类做些什么事儿呢？

一、"大狗"：机器人中的不倒翁

作为机器人界的不倒翁，"大狗"拥有令人惊叹的稳定性。波士顿动力公司官网上也给出了其各项数据：身高1米，"吨位"109千克以及有效负载 45 千克等。此外，由于采用汽油发动机，其续航能力以及力量都相当惊人。波士顿动力公司表示，"大狗"能够以 10 公里的时速，最大负重 150 千克，攀爬大约 35°的斜坡，其间能克服并通过瓦砾、烂泥、雪地等恶劣的路径。也就是说，无论山川雪地还是草原沼地，"大狗"都能够"从容"应对，有这一"得力"助手，士兵们便可以把重担交给"大狗"，进而大幅度提高行军能力，减少士兵的疲惫程度。"大狗"对于士兵们可谓是移动的随军"仓库"，我们可以大胆地猜想，在未来军事演习中，"大狗"系列机器人或许能够扮演不少重要的角色。

"大狗"机器人以机械方式组装，其整体有 16 个自由度，多自由度带给"大狗"机器人更自由灵活地在横纵两个方向移动，而其四肢关节结构能够有效地吸收冲击起到减震的作用，此外柔性结构的特性，能够较为充分地利用每一步消散的能量，然后作用到下一步运动，增强了能源利用率，也一定程度延长了"大狗"机器人单次工作时间。

为了更容易了解"大狗"保持稳定的"秘诀"，我们可以从图 3-1 来对"大狗"基本的控制反馈机理有个简单认识。

当有外界冲击时，比如人为踹击，实际是瞬间改变"大狗"控制系统的环境和肢体之间的位置、速度关系，但是通过环境反馈，可以实时调节"大狗"的姿态和四足状态，进而通过增益协调机制逐步消除或适应外界因素的影响，最后作出脚轨迹规划来保持机身的稳定。有这样一个控制反馈机制，"大狗"机器人有着"泰山崩于前而面不改色"的淡然姿态，可谓机器人界的"不倒翁"。因此，能扛耐撞击的"大狗"机器人在跟着士兵翻山越岭遇到突发的干扰时，依然可以为士兵们提供正常服务。

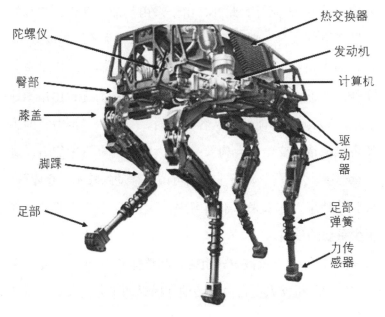

图 3-1 "大狗"机器人组成结构

为了让"大狗"拥有强大的感知能力,能够探测是否平衡、加速度情况等,"大狗"拥有力传感器、陀螺仪等约 50 个传感器来帮助自己完成与周围环境之间的交互,比如,"大狗"机身上装有激光雷达以及立体相机,能够感知自己与周围障碍物的距离,能够分析图像,拥有"视觉"。也正是因为这样一个庞大的传感器网络的共同作用,给予了"大狗"较高的灵敏度和适应外界环境的能力。

当然,这些装备可不是"花架子",波士顿动力公司为了检测"大狗"在不同环境稳定运行的能力,从而进行了许多代表性的对比实验来验证,从这些测试中可以看出我们的"大狗"在许多恶劣环境(如山坡、草地、岩石地、大负载的情形)中仍然能够"欢快"地行动完成指定任务,这也让我们对"大狗"机器人的未来充满了期待。不过感到遗憾的是,"大狗"机器人运行噪音较大,最终并没有被美军采用，但随着研究的深入，与"大狗"同源的新型四足机器人随后也开始现世。

《我，机器人》这本书中曾提到机器人应遵守的三条法则，一是不得伤害人类，并且能够保护人类；二是必须服从不与第一命令冲突的任何指令；三是不违反第一、二条法则的情况下尽可能保护自己。

这代表了人们对机器人这一发明激情而后的沉思。由此可见，机器人的话题从它诞生开始，就不断成为人们讨论的热点。而处于热点之中的 Big Dog 系列四足机器人，便是一颗耀眼的明星，也许在我们以后的生活中，"大狗"机器人能够逐步走近我们，给我们的生活带来真正意义上的便捷。

二、LS3：请叫我"大力士"

作为"大狗"的同胞兄弟，LS3 拥有更加强大的"体魄"，负载能力和移动速度得到了很大提升，更加具有实用性。LS3 被称为"阿尔法狗"，在西方文化中阿尔法一般做首领的解释，种群中首领是最为聪慧和强壮的。这也是波士顿动力公司在"大狗"机器人之后，相继诞生的一款新型四足机器人。

LS3 拥有 1.7 米的"身高"，590 公斤的"体重"，强大的体魄也让它能够担负的有效负载高达 181 公斤，甚至在如此重负下，其仍然可以进行自由行走和奔跑，在平地的最高自由行走负重能够达到 590 公斤，其最快移动速度甚至高达 45 公里 / 小时，能够和我们的百米飞人博尔特一较高下。此外 LS3 在恶劣环境中仍然可以保持较高速前行，官方表示 LS3 能在身负重达 182 公斤的战斗装备和足够的燃料的情形下，持续 24 小时运行，最远里程达 32 公里，且几乎能够达到美国海军陆战队步行能到的所有地点。

图 3-2 "阿尔法狗"

与"前辈"相比，LS3 具有 12 个自由度，少于"大狗"，但也能够支持躯体灵活运动。相较于"大狗"的汽油发动机，LS3 则是通过燃气或者柴油发动机提供动力，具体来说，就是通过发动机驱动液压系统产生驱动输出动力，进而控制所有肢体动作，这是使得 LS3 比之"大狗"更加有"力量"的原因。

在"大狗"基础上，它还继承了移动特性，借助躲避障碍、感测地形以及 GPS 等技术，LS3 在保证安全性的条件下，能够轻松到达目标地点。而随着计算机视觉技术逐渐成熟，并将之运用到 LS3 上，该类型机器人还能够拥有自动跟踪的功能，能够根据给定目标人员的位置，动态前行。

尽管"阿尔法狗"机器人在美国军方作战任务中有着出色的表现，但是在运行中，有着运行噪声的缺点，且维修难度很大，在瞬息万变的战场上，这些缺陷无疑十分致命，因此"阿尔法狗"最终还是遭到了军方的弃用。不过值得肯定的是，这是四足机器人发展中又一个有趣的"大家伙"。

试想在未来，若"阿尔法狗"能够走进我们生活，想必会更加有趣。以它庞大的体格，能够跟随主人到处移动且能适应许多恶劣路面环境的特点，以及它拥有相当于一个班的战士负载能力，不但可以在逛街的时候帮助人们托运物品，甚至可以为行动不便的同胞代步，也许外卖员也可以用它代替也未可知。也正如我们所看到的，四足机器人仍然具备很大的潜力。

三、"野猫"：运动之星

谈到 Wild Cat"野猫"这名四足机器人中的运动明星，不得不先介绍一下它的前身和雏形——"猎豹"。"猎豹"机器人与"大狗"和"阿尔法狗"有些不同，"猎豹"是一款名副其实的室内机器人，看着"猎豹"的躯体连接着多根缆线，我们便可以知道，有着线路约束的它，只能在实验室中进行展示。同样在波士顿动力公司发布的宣传视频里我们可以看到，"猎豹"机器人不负"猎豹"之名，它曾在跑步机上创造了 48 公里时速的奔跑纪录，可谓名副其实的跑步健将。

图 3-3 "猎豹"机器人

　　"猎豹"机器人背部采用关节型结构，脊椎是传动力量的"通道"，而关节型结构的背部能够赋予"猎豹"更加灵活的"身手"，使得其能够在全速奔跑中灵活地协调整体姿态，进而能够保证步幅以及奔跑速度。

　　逐渐地，学者们开始思考，那么是否能够让"猎豹"机器人走出室内呢？毕竟不能让它变成"温室中的花朵"吧？正是基于类似这样的考虑，"猎豹"便开始向无线方向发展，使得小巧运动型机器人不仅仅局限于实验室，在后面的研究中，麻省理工学院花费数年时间研究的一款"猎豹"机器人不仅实现了无线控制，并且能够跨越一定高度的障碍物，极大丰富了"猎豹"的能力，也为后来推出的"野猫"夯实了基础。

　　"野猫"机器人是波士顿动力公司于 2013 年推出的又一款运动小型四足机器人，是在"猎豹"的基础上进行改良，并摆脱了线缆束缚的"无线版本"。所以，即便是在户外，它也能够灵活地舒展身姿，而且不仅如此，"野猫"还能够在奔跑过程中轻松跨越障碍物，进行

图 3-4　跨越障碍的"野猫"机器人

急停或掉头等颇为"人性化"的高难度动作，相较于"猎豹"，"野猫"拥有了更丰富的表现能力和卓越的性能，灵动活泼的身影，让它看起来，宛如一个活物。

作为"猎豹"的"无线版本"，"野猫"拥有着相较于"大狗"和LS3更为小巧的"身材"，"野猫"机器人的高度约为1.17米，重量约为154公斤，最快移动速度可达32公里／小时。"野猫"具有14个自由度，由甲醇发动机提供动力，发动机驱动液压系统，以液压系统作为驱动输出动力，进而控制每段肢体的动作，实现躯体灵活运动。虽然用甲醇发动机取代柴油发动机，在"爆发力"方面的能力略有削弱，不过正因为如此，能够一定程度降低噪音，甲醇作为能源比之汽油、柴油的污染要小不少，所以部分性能降低的牺牲也算物有所值。

当然"野猫"不仅仅是速度惊人，它同时也继承了"前辈们"诸多优点，能够适应不同的地形和复杂的路况，在极其恶劣的环境中，其仍然能保持约16公里的时速，在中小型机器人中，可谓跑步能手了。当然它也没有辜负"野猫"之名，其"身手"之灵活，甚至能够规避很多突发危险，进行快速跳跃和转身，与之前的四足机器人相比，"野猫"走的是轻巧灵便的发展方向。

为了精准测量机器人和地面间的高度以及姿态等信息，"野猫"采用高精度激光测距仪，在动态控制算法的帮助下，能够得到四肢所需执行的动作，从而实现稳定运行。

尽管"野猫"在原有基础上，再一次有了很大的进步，甚至在类型上有所突破，甲醇发动机也一定程度保证了清洁能源的使用，但是十分遗憾的是，"野猫"机器人仍然没能摆脱它"前辈们"的缺点，其运行噪声依旧很大，或许波士顿动力公司将会采用以电池形式提供能源动力，进而改善这个致命的缺点，达到提高该机器人隐蔽性的作用。对于军队而言，"野猫"或许能够在未来充当侦察员的角色，为军队侦察敌情和收集情报服务。

四、Spot：可爱的机灵鬼

从前文中，我们了解到波士顿动力公司先后研发了"大狗"、LS3 和"猎豹"等四足机器人，随着波士顿动力公司"野猫"机器人技术的成熟，该机器人家族也愈发强大，而始终遗留给它们的，并因此导致该类型机器人不能大范围推广的问题，仍旧是噪音。基于过去的经验教训，在 2015 年波士顿动力公司再次打造并推出了一款新型的四足机器人——"Spot"。我们可以在波士顿动力公司发布的宣传视频中看到，Spot 机器人实现了可以低噪声进行工作，并且拥有出色的跳跃功能，稳定性好在原地跳跃而不摔倒，能够灵活地行走楼梯。

Spot 高度接近 1 米，体重约为 75 公斤，较之"大狗"系列机器人体型偏向轻巧型。不过 Spot 体型小，"力气"却不小，在保证自由运动的条件下，能够承受 45 公斤的有效负载。此外，Spot 拥有比"大狗"更快的爬坡速度，以及更灵敏的身姿。

为了保证 Spot 的灵活性，波士顿动力公司赋予了它 12 个自由度的关节，并采用电池来提供动力能源以解决传统四足机器人运行噪

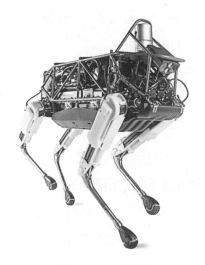

图 3-5　Spot 机器人

音大的缺陷。但所谓"有得必有失"，为了解决噪声问题，Spot牺牲了原有的持续运行时间。相比前面提到的"大狗"机器人普遍数小时，LS3甚至能够连续运行24小时的续航能力，Spot的"体力"变得有些不支，在满电量的情形下，Spot也只能运行约45分钟，不到1个小时。不过，这可能也是未来四足机器人，可以调节平衡，甚至是有所突破的方向。

当然Spot可不仅仅拥有低噪的优点，它还有着自己的"眼睛"。确切地说这是一套采用激光、雷达技术和立体视觉传感器来进行路面信息采集的视觉系统，能够赋予它躲避障碍的能力，帮助它协调四肢，甚至它独特的算法还让它有着属于自己的"直觉"。

不过在官方的宣传视频中描述着这样的情形：Spot以固定步高以及固定步幅，独自越过一段台阶，但是它并不能根据台阶的具体高度和宽度调整自己的姿态，所以尽管视频中Spot成功了很多次，还是出现了一次失误，倘若攀爬环境更为恶劣，那么Spot的失误可能性还会增加，因此Spot的"直觉"也并不是完全可靠的。这是因为Spot在采集路面信息的时候，并不能采集到完整信息，而它的"直觉"是依靠所采集到的信息进行四肢运动的估算，这也导致了Spot并不能完全依靠它的"直觉"。不过这一切或许并不是徒劳，在整个过程中的数据和经验，可能会为波士顿动力公司在未来改善机器人的性能上提供帮助。同时，值得思考的是，随着图像处理技术的发展，当Spot能够收集到相对完整路况时，我们在未来可以从图像识别分析，然后通过反馈等方式使得未来的四足机器人可以根据具体环境的不同来调整自己的策略。在2020年6月，波士顿动力公司也正式在美国开始发售Spot机器人，并期待它在建筑公司三维地图构建以及警用拆弹任务等商业、工业或危险工作场等能够有出色表现。

五、迷你"Spot"：执着的"独臂勇士"

不知道读者朋友有没有发现，我们之前介绍的四足机器人虽然各个身怀绝技，但是似乎在商业用途上的迹象并不明显，而更多是军事上的运用。因此，基于商业目的，波士顿动力公司在 2017 年底推出了一款以 Spot 为原形基础的，带有一副机械臂的四足机器人——Spot Mini。与前辈 Spot 相比，Spot Mini 拥有更加小巧的外形，还能够通过头部的机械臂抓取和操控物体，因此它能够在生活中为我们开门、拿取物品，是一款有潜力走入人们生活的四足机器人。

在官方发布的宣传视频中，Spot Mini 迈着轻盈的步伐出场，在几番摸索中和人为的阻拦下，其仍然奋力地打开了紧闭的房门，堪称执着的"独臂勇士"。

Spot Mini 的高度与 Spot 相比略低，大约 0.84 米，在重量上却不到 Spot 的一半，不过因为小巧的身体，它的有效负载仅有 14 公斤。在能源供给上，Spot Mini 仍然采用电池能源驱动，此外，采用以液压系统输出动力，能够稳定灵活地对每段肢体进行控制。不过 Spot Mini 在续航能力上拥有较大的提高，相比 Spot 续航能力，其拥有更长的运行时间，最大运行时间长约 90 分钟。

为了让 Spot Mini 继承 Spot 的移动特性，以及作出一定的突破，Spot Mini 拥有更多的自由度——17 个，

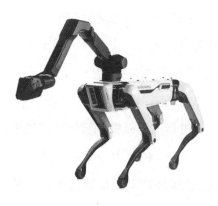

图 3-6　带机械手的 Spot Mini

其中与它前辈相同的是位于四肢的关节，每一肢有着 3 个自由度，为了让它具有灵活抓取物体的功能，设计工程师将其头部设计为具有 5 个自由度的机械臂，而机械臂的灵活性还能够在其摔倒在地面时，辅助 Spot Mini 自主站立起来。

为了更好地辅助 Spot Mini 观察障碍物以及环境情况，在它的正前方还搭载了一个 3D 立体摄像头。而在机械臂上，其也搭载了摄像头用以帮助机械手精确地寻找目标，且针对其头部控制设计进行的测试结果显示，其头部拥有良好的稳定性。同时，增强了它的视觉系统，应对更复杂的环境。例如，Spot Mini 可以在遇到桌子时降低姿态，从桌子下方顺利通过。因此，我们可以得到比较合理的猜想，或许，Spot Mini 能够收集更全面路况信息，在进行类似于攀爬台阶等活动时，会具有比 Spot 更加出色的表现。

关于 Spot 类型机器人，还有一个有趣的小插曲，特斯拉公司首席执行官埃隆·马斯克（Elon Musk）在户外操作波士顿动力公司赠予的一台 Spot 机器人时，旁边有一只小狗却一直冲着 Spot 狂吠不止，可以看出动物们对待这个出现的"机灵鬼"可不太友好，由此也可以引发我们对四足机器人外形设计的思考，即怎样使得四足机器人更能为动物们所接受。

第二节　人形机器人

关于人形机器人未来的猜想早在电影里就已给大家带来太多惊喜，无论是星际开拓背景下可以有人在内部操作机甲战士的《阿凡达》，还是曾经感动很多朋友的日本电影《我的机械人女友》，或者是带给一代人强烈视觉体验的《变形金刚》系列电影，无一不说明与我

图 3-7 《阿凡达》

图 3-8 《我的机械人女友》

们人体姿态相似的人形机器人引起了人们的兴趣，而关于人形机器人的研究也是如今的热点对象之一。

人形机器人，其词根带有人的含义，最早可追溯到 1728 年以法莲·钱伯斯编著的《百科全书》中的自动机，在 1863 年作为术语最

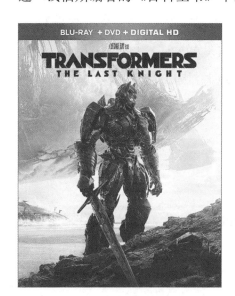

图 3-9 《变形金刚》

早出现在美国专利文献中。而后与现代机器人相似概念的出现，是 1886 年由法国作家维利耶·德·利阿达姆小说《未来夏娃》描述的人造女性机器人。此后，从 1936 年开始人型机器人这一术语对英文科幻杂志影响甚大。

而机械感机器人（Robot）和肉感机器人（Android）人形机器人随着《未来舰长》的流传，

他们之间的差异也随之普及开来。如今，关于人形机器人的研究从最初的人形机器人双足行走、左右手交替等简单动作，逐步开始朝着军事、航天、护理、娱乐等多领域发展，并期待在未来，机器人能够和人类协同甚至独立工作。

　　而现如今的人形机器人"进化"速度不可不谓惊人，以波士顿动力、本田、谷歌等公司为首的机器人领域的佼佼者在双足人形机器人上已经取得了一定的成果，那么这些成果到底有多么惊艳呢？

一、"阿特拉斯"：世界最先进人形机器人

　　和"大狗"系列机器人来源于一个团队的"阿特拉斯"，同样以高仿生以及和真人一般无二的动作驰名于人形机器人界。它可以如真人一般四处活动，行进速度能够达到每小时 5.1 公里。此外，它能够在多种极端压力的情况下，模拟出普通士兵可能作出的行为，比如能够根据人体生理学控制防护服内温湿度、模拟人类排汗等，也因为这一特点，"阿特拉斯"还可以用作观察对象，测试防护服的耐用性，

图 3-10　"阿特拉斯"行走姿态

测试的结果有良好的可靠性，可以为军队实验防护服提供检测服务。从它灵活的动作和能够自我"排汗"的角度来说，"阿特拉斯"仿佛一个有血有肉的真人。

作为将"仿生"看作其机器人设计中最高宗旨的波士顿动力公司，将这一理念在"阿特拉斯"机器人上贯彻得十分完美，这也是为什么"阿特拉斯"会带给我们这么多惊艳的原因。当然，始终坚持"仿生"也是波士顿动力公司最大的优点和特色，但也极有可能成为它发展过程中的瓶颈。因此，波士顿动力公司已经逐步开始将可商业化的目标加入了计划，也开始推出商业机器人，我们可以乐观地预见，"阿特拉斯"或者其家族机器人在未来有更好的发展。

介绍完了"阿特拉斯"的基本情况，接下来就是它的表演时间了。从波士顿动力公司的展示视频中我们可以看到"阿特拉斯"以类似跑酷的姿态越过圆木的过程，它使用控制软件调节整个身体的力量，非常流畅地越过了圆木，让人一度怀疑这是否是人假扮的机器人。"阿特拉斯"可以越过木头或者 40 厘米的台阶，在这个过程中，它的各个部位包括腿、胳膊以及躯干都是运动中的一部分，针对不同时刻调节各个部位姿态来完成跳跃是"阿特拉斯"为何如此优秀的原因。

除了"跑酷"，"阿特拉斯"还掌握了"360°大回旋"这一技能，俗称后空翻。视频中只见"阿特拉斯"沉稳地从台上借力，然后在空中翻转，最后稳稳落在地面上，这一过程流畅、自然，像一个训练良久的运动员，因为就连身为人类的我们都不敢保证一定能够做到，这些神奇的表现使得"阿特拉斯"成了人形机器人界中耀眼的一颗新星。看到"阿特拉斯"优秀的表现，我们很期待未来的波士顿动力公司能够在双足人形机器人研发上带给我们更加惊艳的技术，人形机器人研发仍在路上。

当然，在人形机器人中，不止"阿特拉斯"一枝独秀，很多团队所做的人形机器人也有自己的特色和出色的表现。由于中心目标有所不同，在一些团队看来，机器人外形不必按照严格的人形来设计，而是把目标放在所要求的性能上，不同的目标带来了一个庞大有趣的人形机器人家族。

二、阿西莫：机器人明星（Asimo）

在如今的人形机器人领域，若说"阿特拉斯"是人形机器人中的佼佼者，那么本田公司开发的阿西莫可谓是与"阿特拉斯"并驾齐驱的最先进的，能够直立行走的人形机器人。

早在 1993 年，本田公司就开始了阿西莫原型模型的研究，并且能够完成基础的任务。在 2002 年，本田公司的工程师团队为了设计开发智能机器人，通过思考、研究人类走路的过程，以人类骨骼作为参考，观察腿、脚跟关节与脚趾相对位置之间的关系，以及运动情况，在不懈努力之下，那时候的阿西莫拥有 4 英尺（大约 122 公分）的身高，能够鼓掌，与人握手且有着走楼梯的能力。

在 2005 年的时候，阿西莫曾在购物中心充当信息指导及提供送货服务的角色，同时掌握丰富技能，令顾客惊叹。此外，阿西莫还拥

图 3-11　阿西莫

有着跑步时速 6 公里的能力，所以它并不需固定在一个地方服务。这样外形美观，小巧可爱的阿西莫一度成为明星机器人，曾经作为"演员"在电视台上出现，迪士尼也曾经邀请阿西莫到迪士尼乐园进行友好"合照"，阿西莫从此名声大噪。

在 2007 年的拉斯维加斯消费电子展上，阿西莫又取得了包括流线型设计，以及更多流体、快速运动等重要技术进步，它的动作更为流畅、迅速，能够倒退和单脚、双脚跳跃，最令人惊喜的是，阿西莫可以同时和三个人进行对话，较之以往的"一对一"对话模式，这种多人对话形式可谓一次可喜的突破。此外，阿西莫还能够完成倒水和托盘等基本动作，还能指挥乐队，并且注重礼仪的日本还赋予了阿西莫绅士般的动作姿态。

基于阿西莫自主能力的研究，2011 年阿西莫已经拥有了可以作出一定独立决策的能力。比如，当遇到人群，它可以通过传感器收集到数据，来监控周围较近的人并以此为判断依据，进行预测从而调整自己的运动过程。当阿西莫遇到突发情况，比如瞬间失去平衡能力，它能够自主判断，然后通过如踢出一脚等行为使得自己仍能够保持平衡。此时能够作出一定自主决策的阿西莫，为在人类不多加干预的机器人技术上作出了自己的贡献。

2014 年，因国事访问，美国总统奥巴马曾经和阿西莫同框，进行了亲密接触。它休闲娱乐方面的应用让奥巴马叹为观止，强大的手语能力也带给了大众又一次盛宴。此后的两年，阿西莫化身友好使者，拜访了迪拜皇室的高楼，赏过哥本哈根的月光，在卢布尔雅那、纽约，以及东京都留下了它的足迹。阿西莫的全球巡演，让人们对机器人和人类共存的未来充满了新的期待。

关于本田公司的阿西莫还有一项神奇的技能值得我们关注。阿西莫能够与人交互，甚至能通过收集人类大脑的信息，完成人类给出的动作指示。本田公司分析发现，人类在移动左手、移动右手、跑步和吃饭时，头皮电流模式和血流会发生变化。通过无线传输的方式将这些变化传递给阿西莫，能实现它和人类的交互。

本田公司东部总部曾播放过一段录像，测试者通过想象自己移动右手来操控阿西莫，几秒钟后，阿西莫成功举起了右手。当然由于其他测试者分心或者外界打扰，这项实验放在公众展示，或许不能达到这么好的效果。此外，由于每个人的大脑构造不尽相同，这也给通过人脑操纵阿西莫的过程带来巨大的难题，因为每一次测试都需要花费数小时来研究测试者的大脑结构，进而完成对阿西莫的调整。在不伤及人脑，如将传感器嵌入皮肤的情况下，阿西莫能够完成分析阅读人脑发出的信息已属于相当不易的成果。

拥有世界上领先的机器人技术工业的日本，能够推出阿西莫这样世界一流的人形机器人源于起步早且有着深厚的"内功"——强大的

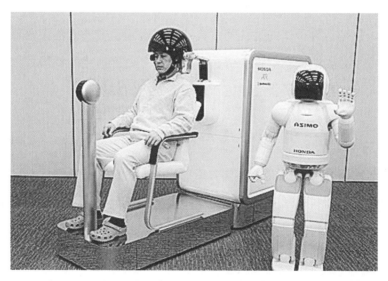

图 3-12　人脑控制阿西莫

工业基础，以及政府大力支持和发展。

阿西莫也是本田公司宣传自身形象的重要途径，基于为人类服务的目的，阿西莫一直带给大家"彬彬有礼"的印象，或许大胆地说，在未来的世界，当强大的机器人能够逐渐拥有洞察人类思维的能力，那么它不仅仅只是文明的附属品而是文明的参与者。

正因为机器人技术在推动国家经济增长的道路上也发挥着不可忽视的作用，分布在世界各地的研究工作者都在进行相关研究，如今智能机器人已成为我国研发的一个重要方向，我国在机器人领域有着如钢铁侠等优秀的团队为我国的人形机器人作出自己的贡献，在未来的人形机器人领域，我们也会逐步拥有设计创造诸如"阿特拉斯"和阿西莫等优秀机器人的高深技术。

总而言之，作为现如今最优秀的人形机器人阿西莫留给了我们太多的想象空间和笃定的实现方向，比如驾驶、模拟足球比赛（阿西莫能够胜任踢足球的工作），以及能够分析人类的情感等。当然，在这条路上，尤其是将人形机器人变成实际应用，人类或许还有很长的路要走，但是不可否认的是，阿西莫让我们看到了人形机器人发展的可能性以及必要性，我们也期待，在未来会有更加惊艳的机器人技术出现，人形机器人领域将迎来更加有趣和先进的成员。

三、iCUB：机器小孩儿

与前面介绍的机器人不同，iCUB 的外形酷似三岁孩童，它是由热亚娜意大利科技学院集合欧洲多所大学的顶尖科学家，历时 4 年时间开发的人工智能机器人，作为一个具备开源认知类机器人，身价高达 25 万英镑的 iCUB 同样也是世界上最为先进的机器人中的一员。

iCUB 的四肢活动范围可达 53°，且具备认知、触觉以及肢体协

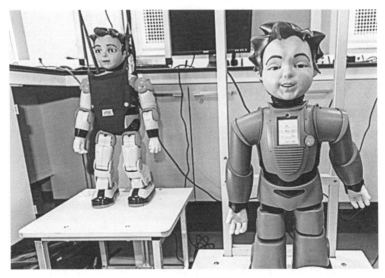

图 3-13　小孩儿形机器人 iCUB

调的能力，带给了它能够抓取物体、表演跳舞，甚至是与人玩捉迷藏的技能。iCUB 的胸前装有一个可以显示触摸位置和力度的显示器，它的头部使用的是塑料材质，作表情十分生动。更有趣的是，iCUB 通过判别触摸位置和力度，可以做出对应的回答，比如说，当伸出手温柔触摸它，它可以用十分逼真的人声回答："我喜欢你这样摸我，可以再摸一次吗？"这一切最根本的原因是因为，iCUB 是基于人脑认知过程设计的，拥有着一定的自我认知的能力，能够像幼儿一般从周围的环境中学习到一些知识，在它的初级阶段学习中，iCUB 还会呈现出十分严肃的表情，而当它完成某个学习任务时，它就仿佛满足了求知欲的小孩儿，脸上露出满意的笑容。

　　iCUB 的研究团队表示未来会尝试赋予 iCUB 理解的能力，不过不会给予其驱动能力，这意味着那时候的机器人已经可以拥有独立的思想和人格。正如霍金先生所说，人类对智能机器的研发迟早会把自己赶出去，机器人拥有独立思想是一把双刃剑，当机器人科技发展到一定程度，是否让机器人具备这种能力，是一个值得商榷的问题，需要我们人类自己去把握。

四、NAO：解开自闭的"学术型"机器人

由法国 Aldebaran Robotics 公司研发，仅仅只有 59 厘米高，精通 19 种语言的 NAO，除了与人类聊天和唱歌跳舞的"常见"功能外，还能辅助治疗自闭儿童。不过其高达 10000 美金的价格让商用生产者望而却步。

但值得一提的是，虽然 NAO 在商用价值上还未发挥作用，不过它的学术价值却足以弥补这个遗憾。NAO 是"机器人世界杯"RoboCup 的标准平台，以及学术领域应用范围最广的智能机器人之一，有超过几十个国家购买使用。

NAO 的头部有四个麦克风和两个摄像头分别充当耳朵和眼睛的角色，与 iCUB 相似的是，NAO 能够识别基本的人类情绪，拥有一定程度的人工智能以及情感智商，足以完成与人类之间的互动。此

图 3-4　NAO 与老人们做伴

外，基于 NAO 可以通过现成的指令块进行可视化编程，为学生、学者们探索不同领域提供了可能。其可以在多平台进行编程和开放式的编程结构得到了许多领域学者的喜爱，NAO 也广泛参与了如语音识别、视频处理，以及多智能体系统等研究项目。教师们也常常将其作为教学使用的机器人，使它在教与学中充当强力的辅助角色，这也为创造未来新的教育方式提供了一个方向。

五、"小艾"和"洛斯"：中国的"阿特拉斯"

"小艾"和"洛斯"是乐聚公司推出的第一代和第二代产品，这个成形于 2013 年，成立于 2015 年的中国公司，一直专注于机器人结构及其运动的研发，其核心技术人员主要来自哈尔滨工业大学等工科一流强校的硕士博士，这意味着中国的人形智能机器人也在向着世界的步伐迈进。

强大的高校研究团队给乐聚带来坚实的技术支持，在乐聚团队历时两年后，第一代机器人"小艾"走进了世人的眼中，比起同类的机器人，身高约 34.6 厘米，体重达 1.64 公斤的"小艾"拥有 17 个自由度和 16 个动力源，这有助于它稳定快速地完成每一个指令。此外，"小艾"还搭载了语音识别和肢体交互技术，因此它同样具有与人类交互的功能，其团队的舵机双足步态算法和原创的运动芯片技术让"小艾"能够如"阿特拉斯"和阿西莫一般双腿交替快速前行，也意味着在人形智能机器人领域，中国开始逐步走向世界。

如果说在"小艾"中可以看出中国的人形机器人技术走向了世界，那么乐聚的第二代产品，"洛斯"象征着中国的人形机器人到达世界一流水准的殿堂。

有着中国版"阿特拉斯"美称的"洛斯"继承了前辈"小艾"诸

图 3-15　乐聚公司第一代产品："小艾"

多优点，还有着 60 厘米的身高，较之"小艾"更多的，高达 22 个能高速运转的关节，且额外拥有高精度数字私服舵机、高级步态算法以及人形 SLAM 技术。SLAM 技术即是即时定位与地图构建，这种技术能够让机器人处于未知环境中的时候，在移动的同时绘制出在此环境中，能够不受障碍进入房间的完全地图。从公开信息中，人形SLAM 机器人仅仅只有波士顿动力公司的"阿特拉斯"和本田的阿西莫等少数几个，而在中国，"洛斯"是第一个公开展示的有着 SLAM算法的人形智能机器人。

第三节　会玩"特技"的无人直升机

相信不少朋友对无人机有过耳闻，也了解小巧的四旋翼无人机能为我们提供更好的视角，担当空中"摄像师"，可以代替隧道等有工作危险的探索任务。

那么问题来了，无人直升机又是什么新鲜的名词呢？其实通过无线电方式在地面操控非载人型飞行器早在现代战争中已经初露峥嵘，其中拥有良好的灵活性以及强大的适应能力和生存能力的无人驾驶直升机无疑是其中的佼佼者。而在无人直升机的领域，基于人工智能的无人直升机也在近十多年有了许多可喜的成果，比如美国斯坦福大学团队利用增强学习（Reinforcement Learning）的方法研究无人直升机，其能够展现高难度的飞行特技，并且同时能够保持无人直升机的稳定性，可以称之为无人直升机中的"特技明星"。

当然，无人直升机的价值并不仅仅只是表演特技。在高难度的动作中保持稳定的无人直升机能够完成载人飞行器难以完成的或具有危险性的任务，因此其有着广泛的军用价值。

无人直升机的优点较之其他飞行器，拥有灵活、较强适应能力和生存能力的特点，它并不需要特定的跑道，其独特的飞行方式也是其他飞行器所不具备的，甚至可以完成飞行员驾驶情形下的直升机无法完成的任务，如侦察、监视、目标截获等。此外，如森林大火、大气环境对飞行器的影响，以及交通事故等自然或人为灾害，给人们的生活带来许多悲剧，而无人直升机能够很好地减少事故，保障人们的生活、工作安全。无人直升机，除了在军事上能够独当一面，在民用中也能够承担如电力线路和森林安全检查、交通监测，以及资源勘探等任务，充当危险排除战士，对于提高人们生活和工作的安全系数具有极大的潜力。

也正是基于这种应用前景，美国、英国、德国等发达国家，一直极为重视无人直升机的研究，也曾取得不少研究成果，如加拿大的

"哨兵"、新西兰的"蛇鲨",以及美国的"X-Cell 60"等均是无人直升机中赫赫有名的前辈,由北京航空航天大学研究的海鸥直升机也表明了我国对无人直升机研究的浓厚兴趣。

作为无人驾驶的先驱者,谷歌Xlab开发团队的核心成员,如今百度的首席科学家吴恩达教授,先后推出了无人驾驶以及谷歌眼镜等著名的人工智能作品,早在吴恩达教授就读于加州伯克利大学时,就开始了对人工智能方向的学习,并且将增强学习的理论与无人直升机相结合,推出了基于增强学习算法的无人直升机。此外在吴恩达教授任职的斯坦福大学,还推出了能够做"飞行特技"的无人直升机,拥有酷炫技能的无人直升机吸引了不少粉丝。

对于无人直升机的控制是一个典型复杂、高耦合、高维度以及非线性动态系统控制问题,且直升机的整体稳定并不是决定于某一个部分,所以它也是一个多输入多输出的问题并且受到周围环境,以及自身运动噪音的干扰,可以说如何为无人直升机的控制器设计控制方案一直都是一个极具挑战的问题。

对于传统的无人直升机,通常能够在地面进行实时控制或者设计自动控制策略,可是对于应对不确定环境,仍旧是一个棘手的问题。而使用能够在不确定环境中作出控制决策的增强学习算法,能够有效地辅助无人直升机处理该类问题,这为无人直升机能够更加自主、智能处理突发问题提供了一个新的解决方案。

在人工智能有关的决策问题中,监督学习和增强学习算法是极为常见的。

采用增强学习的原因在于,监督学习主要是处理单个阶段的抉择,该判断结果基于之前的多次实验数据,显然对于无人直升机而言,其实用阶段的动作往往是连续的,能够随着时间和环境的改变而作出对应的变换。

而增强学习，有点类似于有奖惩机制的试错过程，即为了保证无人直升机能够持续停留在空中，在一次学习过程中，每一个动作对于维持平衡或者达到对应目的都有一定的贡献度，算法构建一个有效的评价标准，对于动作进行"打分"，进而综合到"经验"里，为下一次抉择提供参考数据。我们可以想象，直升机某一套动作要达到最优或者较优，不一定它的每一步都能带来"高分"，而增强学习算法就像一个好奇的孩子，无论是"阳春白雪"，又或者是"下里巴人"，它都要一一品鉴，这极大保证了无人直升机在选择策略的时候，不会错失好的控制方案，而奖惩机制又能减小每一次"犯错"的可能性，两者相结合能为无人直升机筛选出最佳的计划。当然这个过程需要的数据一般远远大于监督学习，因此一个好的学习方案很大程度地决定了实时性，为了提高"学习效率"，吴恩达教授在其博士论文中塑造了能够用较少平行时间进行高效学习的回报函数，简单来说，就是在不断试错和高效总结中得出当前情形下的无人直升机的最优控制策略的规划。

吴恩达教授委托飞行员进行每次长达几分钟的飞行测试，同时记录直升机驾驶时，其各部位状态以及 4 个控制输入。此外，该团队还

图 3-16　无人直升机的飞行特技

进行了只使用 3 个控制器维持直升机稳定的实验①。在该过程中，收集了 339 秒的数据调整学习模型，140 秒的数据改善稳定策略。完善后的方法应用到实际中后，无人直升机达到了能够自动悬停并且掌握平衡的能力，且能够完成部分高复杂度、高难度的动作。

斯坦福大学也推出了关于用增强学习做无人直升机控制的实验，从斯坦福大学录制的视频和图片中我们可以看到，该直升机在空中不停"翻跟斗"，能够在旋翼朝下时保持稳定，看到如此惊险刺激的直升机飞行特技，不得不感叹人工智能的强大。

随着人工智能逐步深入的研究，以及基础理论的不断突破，基于人工智能的无人直升机不仅仅能为我们表演特技，还有诸如传统无人直升机提到的维护森林、交通安全和勘探工作，都可以逐步承担，或许在将来，我们就可以享受到完全脱离人类操作，且能够完成实际任务的无人直升机带来的便利。

飞行器虽然不及机器人的灵活，自动驾驶的"惬意"，但是处于空中的位置，让无人直升机具备广阔视野，可以和地面如机器"大狗"相结合互补的方式进行侦察工作，武装无人直升机也具备较强的作战能力，民用价值以及军事价值都较高。

此外，人工智能的加入，为无人直升机添彩了不少，或者更恰当地说，智能无人直升机不仅能够帮助人类操纵无人直升机，而且完全有潜力能够做到比人类更加熟练和精巧，因此利用人工智能的技术，能够极大提高无人直升机的功能。

在未来，和平型国际关系会是大家共同期望的，我国也是一个维护和平、爱好和平的发展大国，无人直升机技术研制的军事价值是我

---

① 该实验在吴恩达教授团队发表的文章：*Shaping and Policy Search in Reinforcement Learning* 中有详细介绍。

们重点关心的，但是如森林防火、油气管道监测、生态检测等民用价值也会得到重视，因此无人直升机的研究在大众眼中，或许不如四足机器人、人形机器人和自动驾驶那么火热，但同样具备研究意义和巨大的发展潜力。

第四节　能够自我建模的机器人

提到智能机器人，我们也许会想到下棋高手 AlphaGo，想到 DeepMind 游戏能手等，然而这些诸多能力均是建立在未知环境中去按一定规律学习外界的某种能力，而 2019 年美国著名期刊 *SCIENCE* 关于机器人版块中有作者提到了让机器人学会认识自己本身，进而学习掌握能力的机制。

不同于训练某种已知的能力或者任务，基于该方法的机器人本身是不知道自己的任务的，因此它需要先对自己有所了解，然后根据环境和自身的特点，建立关于自己的模型，并以此设计任务。

该思想的产生很大程度基于人类本身，这是因为人类本身就是自我反思、观察、建模的大师。人类从出生开始，首先要处于"自恋期"，这种状态是人类意识到自己的存在的过程，在完成对自我认知后，我们逐步认识环境，了解环境，并逐步掌握如语言、文字等能力，即从内到外的学习，在此之前，我们并不知道我们会学习到什么，而最终学习的结果，是环境和自己本身协同作用的结果。

正是基于此种思想，结合进化学说，科学家们使用 4 个自由度的机械臂来进行在没有先验知识的情况下，机械臂能否抓起身边的小球，放入器皿中。

图 3-17　机械臂成功抓取并放置小球

图 3-18 机械臂完成书法任务

首先，实验先让机械臂随机选取并记录其1000个动作姿态，在这个过程中，逐步建立每个末梢的坐标，正如上面提到的"自恋期"，机械臂如同出生的婴儿逐步认识自己的身体。同时由于碰撞、滞后等原因，导致目标有所偏差，因此对于当前命令和位置以及过去的命令和位置的分析，也应该考虑到建模的过程中，以消除外界因素对实验结果造成的影响。

然后，通过利用深度学习进行自我学习，使用一些简单的策略对多种多样的任务进行训练。实验中，该机器人进行了写作书法和抓取、放置小球两个独立的任务进行训练。

在此过程中，采用闭环和开环进行共同调节。其中闭环过程，通过采集轨迹中的位置和误差进行分析，通过反馈机制进行调整；开环过程中，采集内部碰撞等自身因素导致的问题。该过程可以这样进行理解，闭环类似于人类分析行为和结果之间的关系，开环类似人类在闭眼的情况下，根据对自我的了解，尝试触摸耳鼻的过程，两者协同作用下，能够将外界和内部导致的偏差做一个补偿，进而提高姿态的精度。

通过结合子任务，机械臂最终完成将 9 个直径 20 毫米的红色小球放入器皿中的任务。结果表明，在没有开环过程，没考虑自身导致的偏差，仅考虑外界学习的情况下，机械臂抓取小球放入器皿的成功率仅为 44%，而在考虑自我建模后，任务完成率达到了可喜的100%，由此可见，从自我建模到实行确切任务，能够极大程度提高任务完成的质量。

同样地，这样机制的机械臂也能够完成多种多样的任务，方法的可移植性较高，以书法为例，在同样的学习过程后，该机械臂能够成功写出英文单词"Hi"，仿佛在和周围的世界打招呼。

由此可见，利用机器人自我建模，结合任务训练，能够帮助机器人更精确地完成任务，而这一切正是基于人类学习、思考的模式，或许我们可以做这样一个判断，人工智能正是结合人类的智慧和计算机强大的处理数据的能力，使得机器人具备接近甚至优于人类表现的能力。

第五节　智能迎宾机器人

不知道读者朋友们有没有这样的感受，近几年，无论是各大商场、银行还是会展中心、展览馆，都出现了种类各异、功能不同的迎宾机器人的身影。比如在银行，迎宾机器人可以为客户提供信息查询服务；在会展中心，迎宾机器人又化身成耐心、阅历丰富的解说员，为参观者提供导览服务；在餐厅，尽职尽责的点餐员和餐位预定管理员亦能由迎宾机器人担任。那么这些机器人到底是怎么实现与人交流互动并完成指定任务的呢？带着这一疑惑，接下来，将为大家详细介绍一款仿人形智能迎宾机器人——"渝娇一号"。

"渝娇一号"是一款集视觉、语音识别、智能运动控制技术于一身的高科技移动机器人，能通过语音模块实现人机语音对话，通过视觉模块识别顾客。顾客可以通过语音控制机器人的动作和运动路径，实现对目标物的跟踪。其高为 1.52 米，总重量 51 公斤。外壳采用 ABS 工程塑料，架构件由冷轧钢板和硬铝材质组成。总共拥有 11 个自由度，其中腰部有 1 个自由度，每只手臂有 4 个自由度，头部有 2 个自由度。该机器人为仿人形，身高、体形、表情等都力争逼真。在自由转动的头部安装有摄像头以实现对顾客人脸的识别。可自由转动的大、小手臂能很好地完成一些基本动作，如握手、摆手等。底部安装有行走设备，由直流伺服电机驱动完成前进、后退、左右转等基本动作，

图 3-19　智能迎宾机器人——"渝娇一号"

并能实现自主规划轨迹的跟踪。其显著的特点可以概括为：语音与面部动作的一致性、回答问题的丰富性、语音音色的拟人性、面部动作的自然性。

第六节 智能扫雪机器人

俗话说，瑞雪兆丰年，冬天来临，雪花好似月宫凋零的玉桂叶片，端的一副诗情画意好景色。可是，大雪纷飞固然美丽，却也给出行带来了不便，在雪过大的地方甚至会封路，或者导致一些其他的损失。因此，除雪成了一件必不可少的事情。传统的扫雪方式主要是以半自动化进行，扫雪效率较低，对人身体的伤害较大，而且成本较高。据统计，2013 年我国扫雪机及吹雪机进口金额为 22840000 美元，2014 年我国扫雪机及吹雪机进口金额为 22654000 美元，如图 3—20

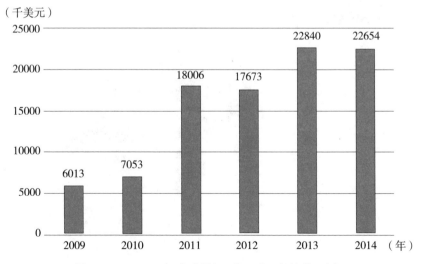

图 3-20 2009—2014 年我国扫雪机及吹雪机的进口金额

所示。在国内市场强劲需要的推动下，我国的扫雪机械市场整体保持平稳较快增长。随着市场需求增大，产业投入加大，相信在可以预见的未来，智能扫雪机器人将迎来发展的加速期。

　　在这里，我们将介绍一款由我国自主研发的可用于家门口的道路、广场、机场等区域并能自行完成扫雪任务的智能扫雪机器人，如图 3-21 所示。该机器人应用了智能控制、机器视觉、环境感知、信息融合、智能决策等技术，具有自主导航定位、自主路径规划、自主运动控制和人机交互等功能。在无人值守情况下，机器人能够自主完成指定区域的扫雪工作。扫雪工作完成后，机器人能完成自主充电、定点停靠等维护工作。自主清扫时，只需在清扫区域的旁边放置人工信标，然后示教，机器人即可精确定位完成清扫，在降低成本的同时，大大提高了扫雪效率。

图 3-21　智能扫雪机器人

第七节　展望

在本章中，我们了解了波士顿动力公司给我们带来的令人惊艳的四足机器人，而它们极有可能在未来辅助士兵作战，或是为人们日常生活如开门、购物、摄影等带来便利，这也让我们对四足机器人的发展充满期待。随着机器人技术逐步成熟，四足机器人或许能够拥有更持久的运动时间、更加灵敏的身手以及更强的平衡能力，真正成为我们日常生活中不可或缺的小助手。

对于人形机器人，在相当长一段时间内，只停留在科幻小说和电影中的神秘机器人，在人工智能高速发展的今天，也涌现出如"阿特拉斯"、阿西莫等优秀的机器人，它们让我们认识到，如今的人形机器人不仅拥有高超的运动技巧，更重要的是它让我们看到了能够通过人类脑电波控制机器人的可能性，也就是说，诸如《阿凡达》电影中人类利用大脑控制双足机器人或者生物型机器人的技术或许能够出现。人类最神奇的能力之一在于想象，更神奇的是，将我们想象的事物变成现实并且服务生活，汽车如此，飞行器如此，如今的人形机器人或许也是如此。同样的，对于能够为我们展示特技的无人直升机，我们不仅惊叹于直升机能够自由翻腾保持平衡，更重要的是，无人直升机能够自我驾驶，从而将人类从驾驶中解脱出来，在未来，人类或许并不需要驾驶各种交通工具，因为具有智能的交通工具们，已经能够轻松应付各种交通状况。

而"渝娇一号"等迎宾机器人和扫雪机器人的出现和发展，意味着机器人在未来或能自由地与人交互，能够协助人类完成部分体力劳动，这无疑让人类有更多的时间投入到学习和生活中，为人类带来极大的便利。

比如，日本将人工智能技术运用到金融、销售、制造生产，以及新能源等多个领域。可以说人工智能技术的发展与应用，正在为日本这个世界第三大经济体，注入勃勃的生机，为提高日本民众的生活质量提供了技术可能，在世界人工智能领域，在推动人工智能发展的第三次热潮中，日本正发挥着不可或缺的作用。

此外，能够在未知任务情形下，自己独立完成模型建立的机器人或许是真正使得机器人具备人类般"智慧"的开始。也许在未来社会，机器人将拥有更强大的计算能力，成为人类社会不可或缺的角色之一。

总而言之，人工智能不仅逐步方便和丰富了我们的生活，甚至为人类的未来带来更多的可能。而在前文中我们也了解到了人工智能在生活中的应用，那么亲爱的读者朋友，你是否对人工智能的发展历程有所好奇呢？让我们一起在下一章去寻找答案吧。

第四章
人工智能的发展史

人工智能在 20 世纪 50 年代正式提出，从"计算机之父"图灵提出图灵测试作为起点，经过模仿人类大脑工作的浅层神经网络的发展，取得初步成效。20 世纪 80 年代通过引入脑科学中的最新进展，卷积神经网络在手写字符方面取得突破性成就。进入 21 世纪后，深度学习重新推进人工智能发展，并在物体识别、人脸识别、围棋、游戏博弈等领域中打败人类顶尖专家。通过本章内容，读者能够对人工智能技术发展史有一个清晰的理解，并对发展过程中的代表性作品和研究热点进行介绍和解读。

第一节　人工智能研究先驱——图灵

一、图灵的简要介绍，图灵机与恩格玛机的历史作用

1954 年，《每日邮报》报道了图灵死亡的消息，报道中包括了法

医的调查结果：图灵被化学药物阉割后情绪失控，用浸过氰化物的苹果终结了自己的生命①。当时媒体恐怕没有料到，这位逝去的"孤僻的同性恋"在多年之后被尊称为"人工智能之父"。图灵在40多年的生命历程中，最为常人所熟知的是在第二次世界大战期间对德国密码机器进行成功破解的故事。2014年在美国上映的电影《模仿游戏》，讲述了图灵克服各种困难协助盟军破译德国密码机器，从而扭转第二次世界大战战局的故事。

德国占领法国之后便对英国进行了物资封锁，英国主要依赖海上物资运输以维持战局。德军潜艇部队使用"狼群战术"对大西洋上的盟国物资运输船进行轮番攻击，英军在缩紧物资分配的同时谋划反击，反击的首要工作就是破解德军潜艇部队所使用的通信密码。如何破解德军使用的密码机器恩格玛机，成为摆在同盟国面前的一道难题。

在对恩格玛机的前期破译过程中，波兰军队使用人工筛查密码

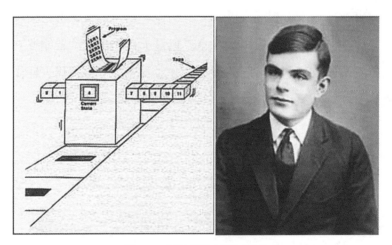

图 4-1　图灵机概念图与图灵

① https://baijiahao.baidu.com/s?id=1606947377297998434&wfr=spider&for=pc.

信息的方法取得了一些成绩，但因为过于依赖德军操作方式上的失误而很快宣告该方法的失效。通过面试进入英国"政府编码与密码学校"的艾伦·图灵，在以"通过机器对抗机器"为思路的指导下，成功发明了针对德军恩格玛机进行破解的解码机器："炸弹"和"克里斯托弗"。

在战争中起到积极作用的密码破解机绝非一蹴而就，其实早在二战爆发之前，艾伦·图灵就已经崭露出天赋，他的《论可计算数及其在判定问题中的应用》于 1937 年在《伦敦数学会文集》上发表，引起学术界的广泛注意。图灵从模仿人类思考过程和数学证明入手，提出利用机器实现逻辑的执行，以模拟人类逻辑思维和数学计算过程。他用一条无限长的纸带、对纸带进行操作的机械结构和具体操作程序，构建了一台"解决任何可证数学问题"的图灵机。

这个设想让纯数学的符号逻辑和物理世界之间建立了联系，我们所熟知的现代计算机，以及正在实现的"通用人工智能"，都基于这个设想。

二、图灵测试与人工智能

1949 年，图灵成为曼彻斯特大学计算实验室的领导，研发 Manchester Mark 1 型号计算机运行时所需的软件①。1950 年他发表了论文《计算机器与智能》，该论文为人工智能的发展提供了开创性构思。同年图灵发表了论文《机器能思考吗》，这篇里程碑式的论文，让图灵赢得了"人工智能之父"的称号。

在这篇论文里，图灵第一次提出"机器思维"的概念，并提出

———————————
① https://www.iyiou.com/p/48513.html.

图 4-2　机器能像人脑一样思考吗?

图灵测试。图灵测试是指人和机器彼此隔开，通过装置向被测试者提问。经过大量的测试，有超过 30% 的测试者无法正确判断被测试者是人还是机器，这台机器就通过了测试，并被认为具有人类智能。

第二节　受生物大脑启发的神经网络

一、神经元与突触连接

大家都有过这样的经历，冬天时用手去抚摸铁栏杆，会感觉到冷而打哆嗦。大家感觉到冷，是冷的信号被传递到大脑。大脑中的神经元和突触实现了"冷"信号的传递[①]。神经元，又叫神经细胞，将人

---

① https://www.jianshu.com/p/944f057f1ac7.

类的感官采集到的信息传递到大脑进行处理。比如你闻到花的香味、看见花瓣的颜色，都是神经元在发挥相应的作用。

普通细胞由一层细胞膜包着细胞质，神经元除了拥有一般细胞的结构外，还从细胞体上长出了神经突起①。神经突起分为两种，一种突起长度较短、并且数量较多，叫树突，树突负责接收其他神经元传递过来的信息；另一种突起只有一根，叫轴突，轴突负责传递信息。人体最长的轴突有1米多长，长颈鹿的初级传入神经轴突有5米多长。

作为大脑的基本单元，神经元的数量只占大脑中总细胞数量的10%，剩下的90%叫作"神经胶质细胞"。神经胶质细胞为神经元服务，用来隔离周围的神经元，并且为神经元输送营养，神经元是真正信息传递的核心。

突触连接着两个神经元。一个神经元接收到信息，并把信息传递给轴突，信息到了轴突的末端后，再通过电信号或者化学信号传递给另一个神经元的树突，树突接收到信息后再将信号传递到神经元中心部分，这就是一次神经元间的信息传递的过程。突触由两部分组成，一部分被称为突触前，是传递信息的轴突末端；另一部分被称为突触后，是接收信息的胞体或者树突。神经元间通过突触进行信息的传递，神经递质是神经元合成的化学物质，起着传导信息的作用。神经递质影响人类感情和心理状态，包括恐惧、愤怒、喜悦、悲伤等。

包括躁狂症、抑郁症等心理疾病就是神经递质平衡被打破后的结果。兴奋性神经递质过多，会引发急躁情绪，导致狂躁症；兴奋性神经递质不足，会引发低落情绪，导致抑郁症。

---

① https://www.cnblogs.com/freyr/p/4516941.html.

二、模仿大脑神经元连接的浅层神经网络

感知机由 Frank Rosenblatt 于 1957 年发明，是一种人类模仿大脑神经元工作的人工智能。人工神经网络中最基础即为多层感知机，多层感知机中的特征神经元模型称为感知机。

生物神经元接受突触递质或者电信号的刺激，并产生突触递质或者电信号传导到下一个神经元[①]。激活函数是整个感知机的核心，处理输入信息，并输出信号刺激下一个感知机。

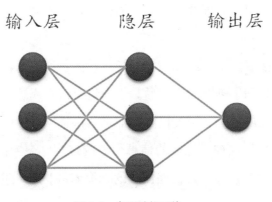

图 4-3　多层神经网络

20 世纪 80 年代，基于"联结主义"的人工智能研究思潮兴起。"联结主义"的思想是单个或少量一起相互作用的人工神经元不具备产生智能的能力，而大量人工神经元一起相互作用会产生智能。人类大脑的神经元数量在 1000 亿左右，每个神经元与 1 万个左右的神经

---

① Glorot X., Bordes A., Bengio Y., "Deep Sparse Rectifierneural Networks", *Proceedding of the Fourteenth International Conferenceon Artificial Intelligence and Statistics*, (2011), pp.315-323.

元连接，该现象作为联结主义的一种佐证。单层感知机有一个致命的缺陷，只能对线性的样本进行分类，不能解决非线性问题。两层的感知机运行时计算量又太大，导致神经网络的研究陷入一段低谷时期。

在感知机中间增加一层节点，这层节点叫作隐层，含有激活函数的功能神经单元，单隐层神经网络是现代意义上的多层神经网络的开端。单隐层神经网络和双隐层神经网络只在隐层的数量上有差别。单隐层神经网络和双隐层神经网络叫作"多层前馈神经网络"，所谓的前馈指的是，数据只有从输入节点到输出节点向前传递，表现在图形上是有向图无回路。代表性的浅层神经网络有 Hopfield 网络，还有玻尔兹曼机等。

第三节 卷积神经网络与手写数字识别

一、卷积神经网络模仿猫视觉

20 世纪 60 年代，加拿大神经生物学家休伯和瑞典神经生理学家威塞尔针对猫科动物大脑视觉皮层进行了合作研究。视觉皮层的工作是将视觉数据处理成可用信息。他们的研究目标是探索大脑使用眼睛所采集的视觉图像信息，并从中获得目标对象有用信息的方式。实验人员给普通家猫展示不同传播方向的光线，在这一过程中发现猫的视觉皮层的不同细胞会根据光条的走向被激活并作出反应。他们同时还发现复杂的光线图案，比如眼睛的形状，能够激活视觉皮层更深层部位的细胞。通过休伯和威塞尔的努力，最终研发出一个能够演绎细胞激活和转发特定图像信息过程的模型①。这也为计算机辅助图像分类建模奠定了基础。

20 世纪 80 年代，科学家发明了多种神经网络模型。而应用最广的卷积神经网络研究，可追溯至日本学者福岛邦彦提出的认知机模型。福岛邦彦提出模仿哺乳动物大脑的视觉皮层神经网络，并命名为"认知机"。认知机是一个具有深度结构的神经网络，可算作是最早被提出的深度学习算法之一，其隐层由简单层和复杂层交替构成。其中简单层单元在感受野内对图像的特征进行提取，复杂层单元接收和响应不同感受野返回的相同特征。认知机的简单层—复杂层组合能够进行特征提取和筛选，部分实现了卷积神经网络中卷积层和池化层的功能，被很多学者认为是启发了卷积神经网络的开创性研究。

1987 年由亚历山大·魏贝尔等学者发表关于时间延迟网络的论文，时间延迟网络针是对语音识别问题而发明的神经网络，时间延迟网络的输入是经过快速傅里叶变换预处理的语音信号，其隐层由多个一维卷积核组成，隐层能够提取语音信号在频率域上的平移不变特征。由于在时间延迟网络出现之前，反向传播算法在训练神经网络的研究过程中取得了突破性进展，时间延迟网络使用当时最先进的反向传播算法进行训练。

1988 年，二维卷积神经网络被学者提出，最初被命名为"平移不变人工神经网络"，并被应用于医学影像的检测。杨立昆在 1989 年构建了第一种现代卷积神经网络 LeNet，LeNet 包含多个卷积层，全连接层，整个网络拥有上万个学习参数，参数规模远超同时代的时间延迟网络和平移不变人工神经网络。杨立昆对 LeNet 的参数随机初始

---

① https://cloud.tencent.com/developer/news/85783.

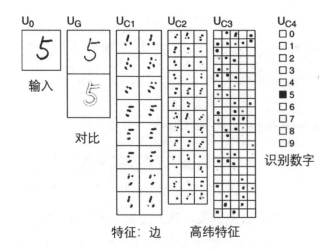

$$U_0 \quad U_G \quad U_{C1} \quad U_{C2} \quad U_{C3} \quad U_{C4}$$

图 4-4 时间延迟网络

化后使用了随机梯度下降进行训练，这一策略被现在的深度学习广泛采用。杨立昆在论述其网络结构时首次使用了"卷积"一词，"卷积神经网络"由此获得正式的命名。

二、卷积神经网络识别手写数字（支票）

1998 年，杨立昆及其合作者构建了卷积神经网络 LeNet5，并在手写数字的识别问题中取得成功。LeNet5 在原有的卷积神经网络结构设计中加入了池化层，以对卷积层的输出特征进行筛选。LeNet5 及其后产生的变体定义了现代卷积神经网络的基本结构。

MNIST 数据集是一个手写数字数据集，每一张图片都是包含 0 到 9 中的单个手写数字的图像。

MNIST 数据集由两个数据集合并而成，一个来自美国国家标准与技术研究所的工作人员，另一个来自高中学生；MNIST 数据集有训练样本 60000 个，测试样本 10000 个。

第四节　深度学习带来人工智能领域的复兴

一、Hinton 与深度学习的复兴

杰弗里·辛顿，被学界称为"深度学习鼻祖"，他在爱丁堡大学获得人工智能博士学位，并且是加拿大多伦多大学的特聘教授。辛顿在 2012 年获得了加拿大基廉奖，该奖是加拿大的最高科学奖[①]。辛顿在 2013 年加入谷歌，将"深度学习"从边缘课题变成了谷歌等互联网巨头仰赖的核心技术。

20 世纪 60 年代，杰弗里·辛顿的高中时期，一个朋友告诉他，人脑的工作原理就像全息图一样。全息图需要记录入射光被物体多次反射的信息，并将这些信息存储进数据库中。人类大脑储存信息的方式与全息图类似，大脑将记忆储存在整个神经网络里中。对辛顿来说，这是他研究人工智能的起点。

辛顿进入了剑桥大学国王学院攻读物理学和化学，但仅一个月后就选择了退学。作为一个 18 岁大学一年级学生，第一次离开家庭并自己生活，加上学习任务十分繁重，所以在感到压抑时选择退学。一年之后，辛顿再次申请攻读建筑学，结果又选择了退学，退学后，他又转而攻读物理学和生理学。在此之后，辛顿又改读哲学，却因为与导师发生争吵而告终。

辛顿没有能继续完成他的学业，退学后搬到伦敦的伊斯灵顿区，并在那里成了一个木匠。平时工作是做一些货架、悬吊门等，并出售

---

① Wikipedia，Geoffrey Hinton, https://en.wikipedia.org/wiki/Geoffrey_Hinton,2017-08-30.

它们去赚取生活费。周末他会去伊斯灵顿的埃塞克斯路图书馆，并在笔记本里记下一些关于大脑工作原理的理论。在伊斯灵顿区经过几年艰辛工作，辛顿再次回到学术界，从 1973 年开始在爱丁堡大学攻读人工智能博士学位，继续人工神经网络的探索工作。

获取博士学位后，他来到卡内基梅隆大学做人工智能的研究工作，但当时美国大部分人工智能研究工作是由美国国防部进行资助。由于担心人工智能被用于杀伤性武器的开发，他选择辞职以示抗议，并在加拿大找到新工作。辛顿曾表示，人们担忧机器日益提升的智能，但真正的威胁是人工智能用于战争机器人的开发。

辛顿曾郑重地写信给英国国防部阐述他的担忧。英国国防部对此进行了回复，现在还没必要对此担忧作出任何处理，因为人工智能技术需要相当长的路要走。除此之外，辛顿还担心人工智能会被用于政府对公民的监视，拒绝了一些政府机构的工作邀约。

不过，尽管已经讨论过了当前正在研发的"无人机群"等武器话题，辛顿仍然相信 AI 所产生的效益会给人类带来福音，尤其是在医疗和教育领域。1994 年他的第一任妻子 Ros 因卵巢癌逝世，留下他独自抚养两个孩子。后来，他与其现任妻子 Jackie 再婚，Jackie 后来也被诊断出患有胰腺癌。辛顿设想，是不是不久之后每个人都能够花100 美元就可以获取自己的基因图谱。对于放射科医生而言，AI 的发展并不是个好消息，因为面临着智能的机器最终会让他们失业，而且辛顿也认为 X 射线检测工作可能很快就被大量机器人取代。虽然大量工作岗位将会消失，但辛顿坚持认为，政府和企业的工作保证人们不会被自动化浪潮所抛弃。

在一个分工明确的现代社会中，提高生产力将使每个个体受益。问题不在于技术的发展进步，而在于利益的二次分配。辛顿一半时间在多伦多大学做科研工作，一半时间在为 Google 研发神秘的 Google 大脑。辛顿教授有着所有英国学者的典型特征：一头蓬乱的花白头发，皱巴巴的衬衫，衬衫口袋里插着写字笔，一块日常工作所使用的白板上，写满了各种复杂难解的方程式。他的办公室里没有座椅，70多岁的辛顿喜欢一直站着工作。

图 4-5　Hinton 与他工作时使用的白板

虽然他的穿着和日常行为看起来很古怪，但对在 Google 工作的工程师而言，辛顿是他们心目中的神明，他被周围的同事誉为"人工智能教父"。深度学习已经成为引发全球性变革的新技术，这些都与辛顿的聪明才智和长期奋斗密不可分。他的博士生已被世界知名的 IT 巨头挖走，分别在 Apple、Facebook 和 Google 这类的科技公司里作为人工智能领域项目的领导人，而他自己也被 Google 聘请为副总裁，主管工程设计部门。辛顿教授是深度学习的开创者，使得计算机具备一定的智能并可以独立解决问题。他从机器学习中开辟了一个新的子领域，现在被称作为深度学习，模仿哺乳动物大脑的神经网络形式搭建人工神经网络。随着数据计算能力逐步提升，深度学习算法在不断改良后，现已成为研究人工智能的主流方法，从智能手机中的语义助手、人脸识别软件再到电子商务平台为用户推荐购买商品，都是深度学习在提供技术支撑。辛顿和其他科学家的研究工作不断挖掘出了深度学习的潜力，他们被统计学派的竞争对手称为"加拿大黑手党"。

二、深度卷积神经网络挑战 ImageNet 成功

ImageNet 是一个可视化的大型数据库。超过 1400 万的图像被手动添加标注，2012 年深度卷积神经网络在 ImageNet 图像分类正确率方面取得了巨大的突破，被广泛认为是深度学习革命的开始[①]。

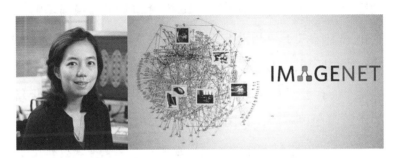

图 4-6 李飞飞与她创办的 ImageNet 大赛

自 2010 年以来，每年度 ImageNet 大规模视觉识别挑战赛，研究团队在给定的数据集上测试其算法性能，并在几项视觉识别任务中提高准确性。ILSVRC 使用仅包含 1000 个图像类别，其中 120 个种类中有 90 个由 ImageNet 提供完整的数据。2011 年，ILSVRC 最好成绩是分类错误率为 25%；到 2012 年，深度卷积神经网络达到了 16% 的分类错误率；接下来的几年中，错误率每年都要下降到几个百分点。虽然 2012 年的由深度卷积神经网络所创造的突破性成就是前所未有

---

① Deng J., Dong W., Socher R., et al., Image Net: A Large-scale Hierarchicalimage Database, ComputerVision and Pattern Recognition, 2009. CVPR 2009, IEEE Conferenceon. IEEE, 2009, pp.248-255.

的，但随后几年 ImageNet 分类错误率的持续性改进标志着人工智能繁荣的开始。到 2015 年，研究报告分析，在 ILSVRC 分类任务中神经网络的分类能力超出人类。2017 年，38 个参加比赛的团队中有 29 个团队的分类错误率低于 5%，ImageNet 宣布在 2018 年推出一项新的、更加困难的挑战，其中涉及使用自然语言对 3D 图像进行分类。由于创建 3D 数据的注释比 2D 图像更昂贵，数据集预计将会变小。

AI 没有国界，AI 的福祉也没有国界。在上海的一个演讲中，李飞飞这样表达了自己的价值观，她自己就是那个技术和知识没有国界最好的证明。李飞飞出生于中国，16 岁时和父母移民到美国，全家人靠在中餐馆洗盘子和开干洗店才得以生存，凭借着内心强大的愿景，她在普林斯顿、加州理工这些学校里完成了学业。入职学术界之后，她便一头扎进了人工智能的研究中，尤其是计算机视觉研究，因为她的贡献而变得不同。2016 年，美国卡内基基金会提名她为当年的杰出移民。她在学科上作的贡献和她培养的学生从来没有把事业限制在美国境内。她利用学术假期加盟 Google，并作为公司高层回到中国，领导这家高科技公司在中国的人工智能研究中心开展工作。

知识和技术总是流动的，不会因为行政命令或者是特朗普签证关卡而停止流动。李飞飞从 16 岁那年谈起自己的人生，她说那年与父母移民到了美国。那时中美经济生活之间还存在巨大差距，从中国移民到美国要付出巨大的代价。电视剧《北京人在纽约》形象地描写了移民知识分子在社会地位的落差、经济上的困顿等[1]。受过高等教育的父母来到美国后，不再从事知识分子的工作。用她自己的话来说，全家人处于一种求生模式中。李飞飞在高中时几乎什么样的工作都做

---

[1] https://www.chinanews.com/business/2018/03-23/8474550.shtml.

过，包括在中餐馆里打工，给人打扫房子甚至帮人遛狗，但她没有觉得困难，因为父母也在同样努力地工作。初到美国，全家人住在纽约附近一个叫帕西帕尼的地方，身边仅有的一些朋友都是和他们一样的移民，大家都很忙，忙着为了各自的生存。作为移民，必须从零开始学英语。相比当地的孩子，她浑身散发着书呆子气，在学校也没有太多的朋友。所幸她的数学和理科成绩都不错，她就读的帕西帕尼高中在新泽西州的高中学校里排名中等，她毕业的时候学习成绩在所有同学中排名第六。当时她申请了很多的大学，普林斯顿给了几乎全奖的奖学金，于是她去了普林斯顿读大学。

她最大的欣喜是发现身边的同学全都是些热爱学术、知性、充满魅力的人。在她与知识分子为伍时，她家人的生活依然十分困难，她决定在帕西帕尼开一家干洗店，让父母来经营。全家人都凑不够那么多钱，她四处向朋友借钱，并从高中数学老师那里借到了钱。多年后回忆起初到美国的困顿生活，她总是提及她的高中老师，也真的很感谢那些高中老师们，对于一个移民家庭的小孩，白人教师也愿意帮助她。她读本科时的生活是双城记，帕西帕尼和普林斯顿。周一到周五，她在普林斯顿学物理，放学后通过电话参与干洗店的经营。1999年，李飞飞从普林斯顿毕业，作为一个中国移民孩子，这是从经济困境中解脱出来的最佳时刻。当时就业市场一片大好，她受邀去面试了数家投行和咨询公司，高盛和麦肯锡都给过她工作机会。如果本科毕业去华尔街工作，就让全家人过上中产生活，也是一个足够励志的移民奋斗故事。但她并没有选择去华尔街工作，而是去西藏研究藏药，李飞飞说她自己也知道一般人难以理解她的选择。

她的父母放弃了北京知识分子的生活而移民美国，并不只是为了早日过上美国舒适的中产生活，他们非常尊重李飞飞的选择。从西

藏回来后，李飞飞选择继续攻读博士学位，专业是人工智能和计算神经科学。在读博的这段时间她只有微薄的奖学金，全家人的生活水平依然没有太大的改善。在加州理工读博士期间，李飞飞妈妈得了癌症，又患了中风。2005 年，李飞飞从加州理工获得了博士学位。从移民生活的困顿中解脱出来后，她一头扎进研究中，设法让计算机理解图像。

2005 年前后，李飞飞成为美国伊利诺伊大学香槟分校的计算机科学教授。对于计算机的图片识别问题，她发现学术界和 AI 工业界都在朝着一个方向努力，把希望寄托在寻找一个更好的算法，这个算法可以提供更好的决策。但她看到了这个路径的局限性：如果这种算法基的数据并不能够反映真实世界，再好的算法在真实世界里也不会有用的。她试图寻找另一种路径，构建一个更好的数据集。

ImageNet 数据集里既包括大象、长颈鹿这种具体事物，也包括"爱"这种抽象概念。李飞飞的第一个想法就是以 10 美元每小时的价钱雇佣本科生，让他们以人工的方式寻找照片并添加进数据集。很快大家发现，按照这种速度，大约需要 90 年才能完成照片收集，这个方案因此被叫停。团队重新回到黑板前来讨论别的路径，他们让计算机程序从网上找图片，然后只是人工审核准确性。在对算法推敲了几个月之后，他们发现这种方法缺乏持续性，算法只能拣出能够识别的图片，而这种识别能力在编程时就限定了。

与此同时，李飞飞还面临着另一个问题是团队已经没有资金可以继续使用。她曾向联邦申请资金，得到的回复却是申请书上严厉的批评，联邦为普林斯顿在做这方面的研究而感到羞愧。没有任何一家机构愿意资助该项研究，项目陷入困境。转机来自李飞飞和一个研究生偶然间的聊天。那名学生问李飞飞是否知道亚马逊的众包平台，可以把任务在这个平台上分发出去，雇佣世界各地的人用电脑远程完成，费用相当低廉。李飞飞对 ImageNet 重新燃起了信心。即便利用众包平台这种高效的工具，数据集也花费了两年半的时间才完成。数据集包含了 320 万张标记的照片，这些照片被划分为 5247 个种类，比如"哺乳动物""车辆"和"家具"等。2009 年，李飞飞和团队发布了 ImageNet 的论文和数据集，在 CVPR(计算机视觉研究的前沿会议)，主办方不允许他们上台做演讲，仅仅是批准他们贴一张海报。为了扩大宣传，他们只好向与会人员派发印有 ImageNet 品牌的钢笔。他们所有的努力都是信奉基于更多地数据对于算法是有帮助的观点，而当时大部分人对这个观点持怀疑态度。

李飞飞始终是一个内心强大的人，她希望更多的人接受这个观点。李飞飞联系到欧洲的一个知名的图片识别大赛 PASCAL VOC，对方同意和她联名举办比赛。随着比赛不断举办，ImageNet 的名声越来越大，成为衡量图像识别算法性能如何的一个基准。比赛举办到 2012 年，研究者们发现了比赛之外的收获：他们的算法在经过使用 ImageNet 数据集后取得了更好的表现。

2012 年 ImageNet 大赛的结果，让深度学习从此成为显学，到了 2014 年时，所有的高分选手都在用深度神经网络。从此，大批的研究资金倾入这一领域。大公司也广泛采用这一路径：Facebook 用它来标记用户照片、特斯拉自动驾驶汽车用它来检测物体。ImageNet 数据集的收集和标注花费了李飞飞大量心血，但自从构建以来，它一直秉承开放和自由使用的原则，这也影响了其他大公司在数据集上的行为。2016 年谷歌发布了 Open Image 数据集，DeepMind 也发布了自己的视频数据集。整个人工智能领域从此变得不一样了。在一边举办 ImageNet 大赛时，李飞飞另一个重要的身份是教授，2009 年她去了斯坦福。

李飞飞在斯坦福的课总是爆满，对大家记忆最深的一句话总是她在课堂上那句，"来晚了的同学们，走廊上有小椅子可以坐下"。2016年11月，李飞飞利用学术假期，在谷歌云计算担任人工智能机器学习部门的首席科学家，在2012年那场ImageNet大赛之后，工业界开始争夺学术界的人才。Google买下了辛顿的公司，让辛顿去主持谷歌的人工智能研究；吴恩达被百度请去带领百度人工智能研究；李飞飞进入谷歌的信息，外界也并不意外。对于这些科学家来说，谷歌和Facebook这些大公司有他们在学术界难以获得的机器和数据，这都是该项研究所不可或缺的。进入工业界后的李飞飞不忘记强调她的愿景。在2017年3月的谷歌云大会上，李飞飞谈及AI"民主化"，强调和呼吁谷歌把平台、算法、数据向外界以及其他公司开放，甚至人才也要和外部公司合作。这种对AI"民主化"的强调为几个月后她回到中国埋下了伏笔，2017年12月，李飞飞在上海宣布回国主持Google在中国的研究中心。Google在英国收购了人工智能创业公司DeepMind之后就竭尽全力地挖掘英国的人工智能人才，这个创业公司的团队规模从100人左右扩大到了大约250人。而从另一个角度，这些人并不像李飞飞创业时代那样，人才都聚集在美国，他们广泛分布在英国、中国和加拿大等地，这本身就是李飞飞说的"民主化"。在李飞飞回到中国的时候，辛顿回到加拿大去主持一个国家资助的实验室，这些科学家，在二三十年后又以另一种方式在移动，在一个技术更为民主化的时代。

第五节 深度强化学习

深度强化学习近年来在电子竞技游戏、围棋等领域取得不俗成绩，其表现已经超过了人类顶尖竞技游戏选手和围棋选手。深度强化学习是深度学习和强化学习的结合，赋予了机器以超过人类的部分能力。

人工智能初创企业 DeepMind，在 2013 年公开了他们开创性的论文《使用深度强化学习玩 Atari》。DeepMind 使用深度强化学习，通过观看游戏画面和游戏得分，学会玩雅达利游戏。深度强化学习被学术界和企业界称为最接近通用人工智能的算法，深度强化学习算法不会被局限在围棋、游戏等某一特定领域中，在其他任何领域都能很好地完成工作。

"打砖块"游戏控制短板反弹球去清除所有的砖块，游戏玩家从而获取分数奖励。如果使用神经网络去玩这个游戏，屏幕的图片作为神经网络的输入，神经网络的输出则是三个动作：短板向左移动、短板向右移动或者发射球。神经网络的输出是一种标准的分类问题，神经网络根据输入的游戏画面作出决定，短板是往左移动，还是往右移动或者发射球。除此之外神经网络还需要很多的训练样本。如直接录下专业玩家的游戏视频和相应动作，这是模仿学习的路径。深度强化学习不需要外界告诉神经网络视频画面所对应的动作，只需要作出对的决策及反馈，就可以自己学习如何玩游戏。

英国公司 Wayve 在 2018 年中旬发表的一篇论文《一天学会自动驾驶》，记述了强化学习在自动驾驶汽车中的应用。Wayve 是英国两位剑桥大学博士创立的英国自动驾驶汽车公司，正在研发基于机器学习的自动驾驶算法，Wayve 使用的方法与其他自动驾驶汽车的方法不同。Wayve 认为制造真正的自动驾驶汽车的关键在于神经网络的自学能力，其他公司使用更多的传感器也不能完全解决所遇到的问题。

感知指的是如何通过摄像头和其他传感器的输入解析出周围环境的信息，例如有哪些障碍物、障碍物的速度和距离、道路的宽度和曲率等。自动驾驶的决策是指，给定感知模块解析出的环境信息得出如何控制汽车的行为，从而达到安全驾驶的目标。Wayve 采用了一种流行的无模型深度强化学习算法来解决车道跟踪问题。Wayve 的模型输入位于汽车前方镜摄像头拍摄的图像。系统迭代经历了三个过程：探索、优化和评估。使用深度卷积网络作为自动驾驶的核心，该网络有 4 个卷积层和 3 个完全连接层，总共略低于一万个参数。现有技术的图像分类卷积神经网络有数百万个参数。在危险的真实环境下让机器人直接使用强化学习会带来很多新问题。为了更好地理解手头的任务，并找到合适的模型架构和超参数，Wayve 进行了大量的仿真测试。

Wayve 的方法产生的潜在影响是巨大的。想象一下，部署一支自动驾驶车队，使用一种最初只有人类司机 95% 质量的驾驶算法，能够处理交通信号灯、环形交叉路口、十字路口等道路情况。经过一天的驾驶和人类安全驾驶员改进后，系统的驾驶质量提高到 96%。一个星期以后，提高到 98%，一个月以后，提高到 99%。用不了多长时间，该系统可能会超越人类，因为它从许多不同的安全驾驶员的反馈中受益得以提高。

今天的自动驾驶汽车仍停留在不能 100% 安全驾驶的状态，且性能水平还不够好。DeepMind 向人们展示了深度强化学习方法可以在许多游戏中实现超人类的表现，包括围棋、象棋和电子竞技游戏，几乎总是比任何基于规则的系统表现得更好，特别是在自动驾驶汽车中。DeepMind 的 Atari 算法需要数百万次试验才能完成一个任务，而 Wayve 的强化学习在不到 20 次试验中就让车学会了沿着车道行驶。

第六节　模仿学习

在未知的室内环境中进行无人机自主飞行是一项巨大的挑战。光线条件差，没有提供精确的地图，无法接收 GPS 信号，这些问题使无人机很容易被障碍物撞击而损坏。实现自我定位和实时映射未知环境对于无人机在室内环境中自主飞行至关重要。但人类专家操控无人机在室内环境飞行却相对较容易，模仿学习方法是人工智能模仿人类专家观察环境并做决策的方法，是近年来的研究热点。

传统方法是使用 SLAM（同步定位与实时建图）使机器人在室内环境中自主导航。一种方式是使用 LIDAR（三维激光雷达）作为构建 3D 地图的传感器，但 LIDAR 功耗太大，使电池寿命迅速下降。另一种方式是采用摄像头和 IMU 导航称为 V-SLAM（视觉同步定位和实时建立图），V-SLAM 使用摄像头拍摄的图像特征进行自定位，但室内环境光线不足会影响图像质量。近年来，模拟学习方法为解决机器人自主导航提供了一种方法，在自动驾驶汽车中取得了巨大的成功。

模拟学习是从原始传感器观察和专家行动中学习控制策略的可行方法。Pomerleau 于 1989 年使用神经网络搭建了能自动驾驶的汽车 ALVINN，该汽车使用浅层神经网络模仿人类驾驶员驾驶汽车的策略。该神经网络使用汽车前方摄像机拍摄灰度图像、雷达测量与障碍物之间的距离和来自驾驶员的转向角作为数据。

大量实验证明了端到端训练的神经网络可以安全稳定地在卡耐基

梅隆大学校园道路上驾驶汽车。NVIDIA 使用卷积神经网络（CNN）模仿人类驾驶员的策略，让汽车在路上自动驾驶。

图 4-7　ALVINN 使用神经网络模仿人类驾驶员的策略对车辆进行控制

NVIDIA 无人驾驶汽车使用三台相机同时采集周围环境的图像信息，汽车正前方的图像和人类驾驶员驾驶汽车的转向角度同时被采集。为了更好地表达驾驶员的转向信息，驾驶员操作方向盘的偏转角为 ±90°，并对实际的偏转角做归一化处理，偏转角信息映射到 [-1，1] 之间。

训练数据集是在多种类型的道路，以及多种光照环境和天气条件中由人类驾驶员驾驶汽车采集的。道路类型包括隧道、未经过柏油铺装的道路、多车道道路、路旁有停泊车辆的道路。训练数据集包括云雾、下雨和下雪、晴朗等天气采集的数据，包括在白天和夜间中驾驶汽车采集的数据。系统独立于任何特定的车辆样式或模型，驾驶员按照平时一样驾驶汽车。当训练过的网络已经在模拟器上表现出良好性能之后就开始进行道路测试。新泽西州蒙茅斯县进行了一次非常典型的自动驾驶测试，在该次测试中，98％的时间由神经网络操控汽车。

图 4-8　基于模仿学习的自动驾驶汽车

在另一次自动驾驶测试中，汽车安全行驶超过 10 英里。

苏黎世大学研发了 DroNet 神经网络，使无人机能够沿着道路进行飞行。DroNet 使用汽车和自行车的驾驶策略来训练无人机在城市中心地区自主飞行。人类专家利用眼睛观察环境并使用操纵杆远程控制无人机飞行，DroNet 使用一种基于深度神经网络的方法，通过模仿人类专家的策略来控制无人机自主飞行。把安装在无人机上的摄像机捕获的图像作为观察数据，再由卷积神经网络生成的控制指令实现自主飞行。

DroNet 可探查静态及动态的障碍物，调整飞行速度，以避免与障碍物发生碰撞。其无人机不仅能在道路上实现自主飞行，还能在多层停车场和办公室走廊中自主飞行。DroNet 模仿人类汽车驾驶员的策略而具备控制无人机自主飞行的能力，网络输入灰度图像，输出转向角和碰撞概率。

户外运行的机器人通常采用激光雷达、GPS、测距雷达和视觉传感器对周围环境进行观测，以实现机器人的定位，障碍物距离的测

人工智能
未来已来

图 4-9　DroNet 控制无人机在市区飞行

量。工作在动态的和未知的环境中，同时复杂的照明条件会使视觉传感器出现曝光过度或曝光不足，高精度地图不可用，GPS 信号无法接收以致无人机无法自我定位。使机器人在未知环境中运行的一种方法是 SLAM，无人机使用 LIDAR 同时构建 3D 地图并估计建筑物地图中的自身位置。然而, SLAM 没有提供有关导航和控制命令的信息，LIDAR 太重并且消耗大量功率以减少无人机的飞行时间。 V-SLAM 使用由视觉传感器捕获的图像来构建 3D 地图和估计自身的位置，但是光线条件差导致视觉传感器捕获劣质图像，这使得 V-SLAM 算法无法从局部错误中恢复正常。

第五章
部分国家人工智能发展状况

　　近年来，人工智能赚足了大众的关注，个人、企业、社会乃至国家的发展都与新一代的智能革命紧密联系在了一起。为了抢占新一轮的科技制高点，世界各国都出台了相应的政策推动人工智能的发展。鉴于本书内容有限，本章节主要介绍了美国、英国、瑞士、日本、加拿大、中国6个国家的人工智能发展状况。

　　美国作为科技强国，早就深刻洞察了人工智能的发展潜力，长期重视人工智能技术的研发和应用，以绝对实力处于领先地位，国际上著名的人工智能产品大都来自美国的各大研发机构和科技公司。致力于打造人工智能教育高地的英国，注重人工智能技术发展与产业发展紧密结合，强调"综合施治、合力发展"，具有悠久的历史积累、政府长期的研发投入资助、充足的科学人才供给、活力十足的创新企业等特点。众所周知，瑞士在制造业有着悠久的历史和深厚的底蕴，并且坐拥苏黎世联邦理工大学和洛桑理工大学两所顶尖大学和一大批在机器人领域享誉世界的教授和大量研究人才，再加上瑞士的税收政策吸引了一大批人工智能企业在瑞士开办公司，使得瑞士发展成了现今

的机器人硅谷。有着雄厚工业基础的日本，在人工智能，尤其是制造业和智能机器人方面拥有十分亮眼的表现。虽然其在人工智能应用技术领域与美国尚有差距，但是在人工智能基础技术方面，如传感器、视觉技术、语音识别技术等领域，却是行业的佼佼者。因此，将人工智能与大数据、物联网作为其智能社会5.0战略的三大支柱的日本，在第三次人工智能的浪潮中，或许将扮演不可忽视的角色。紧邻美国的加拿大率先发布AI全国战略，以强力的政府财政扶持人工智能产业的发展，并以其开放的移民政策和顶尖的人工智能研发基础，吸引了大批世界范围内的人工智能人才，形成了多个AI生态系统，在工业机器人和航空制造业等领域大有作为，在人工智能浪潮中也占得一席之地。

我国人工智能技术和相关产业应用的起步时间相对于欧美国家较晚，但在国家相关政策与科研基金的支持下，近年来发展速度十分迅猛。但与发达国家的差距仍然较大，需要加大力度追赶欧美发达国家，以获取更多突破性进展。

第一节　美国

人工智能作为具有巨大社会效益和经济效益的革命性通用技术正在迎来新一轮的发展，有望对人类未来社会的发展带来深刻的影响和变革。各国都在大力布局和发展人工智能技术，争取抢占人工智能技术的制高点。

一、美国人工智能的发展现状

美国是人工智能的诞生地，长期重视人工智能的战略规划、资金投入、技术研发与技术应用，目前在该技术领域占据世界领先地位。美国现已将人工智能抬升到国家战略层面，制定了较为完善的发展规划。

从 2013 年开始，美国发布了多项人工智能计划，到 2016 年，更是加紧了对人工智能技术的开发，发布了多项战略规划。尤其值得注意的是 2016 年美国白宫科技政策办公室，发布的三份关于人工智能的重要战略文件：《为人工智能的未来做好准备》《国家人工智能研究和发展战略计划》和《人工智能、自动化与经济报告》，为美国人工智能的发展制订了宏伟计划和发展蓝图。2019 年 2 月，美国创建了名为《美国人工智能倡议》的项目，该项目被称为"美国 AI 计划"，旨在调配更多联邦资金和资源转向人工智能研究，推动人工智能时代美国劳动力的发展。

美国政府对企业人工智能的研发是轻干预、重投资的态度，这大大促进了美国人工智能领域的发展，使美国在人工智能的研究一直居于世界前沿。美国的很多著名大企业都将人工智能当作核心战略，在人工智能技术的研究上投入了大量的资金并且招聘了大批专业人才。

前文提到的 Google 公司一直致力于人工智能技术的研究，每年都投入大量的资金来研发人工智能产品，其人工智能技术水平在世界上都是领先的。除了前文介绍过的基于深度学习的人工智能围棋软件 AlphaGo 外，它还有很多其他的代表性人工智能产品。例如开源深度学习系统 TensorFlow，它是将复杂的数据结构传输至人工智能神经网络中进行分析和处理的系统，可以用于语音识别或图像识别等多项机器深度学习领域。Google 旗下的大部分应用，像 Google 搜索引擎、Google 翻译和 Google 图片等都使用了 TensorFlow，由于它是完全开源的，所有的企业都可以利用该系统来训练模型，这大大降低了深度学习在各个行业的应用难度，为深度学习的相关研究提供了便利。

微软在语音识别系统、知识图谱（Microsoft Concept Graph）、概念标签模型（Microsoft Concept Tagging）、智能 API 认知服务和图像识别等方面的研究也为人工智能的发展作出了很大的贡献。知识图谱是一个大型概念知识图谱系统，可以为机器提供文本理解的常识性知识。微软认为要实现人工智能，首先要让机器有常识。我们人类很小的时候就知道分辨猫和狗，随着年龄的增长和经历的丰富，我们懂得了分辨布偶猫、橘猫、苏格兰折耳猫，知道了柯基、柴犬、中华田园犬的区别。这是对常识性问题的认知的提升。机器也是如此，开始的时候，你可能首先要教机器区分什么是人、什么是动物，后来就要教它区别欧美人和亚洲人。微软的知识图谱就是在做这样的事情，它包含了数以亿计的网页和数年积累下来的搜索日志，具有丰富的"常识"。

概念标签模型与微软知识图谱相辅相成，它可以将文本词条实体映射到不同的语义概念，并根据实体文本内容标记上相应的概率标签。例如人工智能，就可以被映射到"机器学习""深度学习"等概念，并且打上相应的概率标签。这个模型让机器根据人类天生具有的概念推理能力，将短语映射到大量自动习得的概念空间中，从而让机器更好的理解人类的文字交流。因此该模型能够帮助解决文本理解所需的概念标注、短语语义化理解等基础问题，简单来说，就是可以更好地理解人类的交流并且进行语义计算。我们可以将该模型应用于不同的需要文本处理的场景中，这包括搜索引擎、自动问答系统、在线广告系统和聊天机器人等。概念标签模型和知识图谱的发布，促进了知识挖掘、自然语言处理等领域的发展，推动了人工智能的进步。

美国 IBM 公司除了上文提到的"深蓝"计算机外，还发明了 IBM Watson、类脑超级计算机平台等人工智能典型产品。IBM Watson 是认知计算系统的杰出代表，也是一个技术平台。认知计算代表一种全新的计算模式，它包含信息分析，自然语言处理和机器学习领域的大量技术创新，能够助力决策者从大量非结构化数据中揭示非凡的洞察。简单来说，它具有以下三大能力：强大的理解能力、智能的逻辑思考能力、优秀的学习能力。

除了 Google、Microsoft 和 IBM 公司外，美国的人工智能典型企业还有超级电商 Amazon，生产军用机器人的 IROBOT，发明用于对抗自适应无线通信威胁的人工智能系统的洛克希德·马丁公司，在生物特性仿生学方面作出贡献的 Touch Bionich，生产"大狗""猎狗"机器人的波士顿动力公司，以及大家常见的 Facebook 公司。Facebook 不仅与 Google、Vision Labs 合作推出了通用计算机视觉开源平台，还独自推出了智能照片管理应用 Moments、聊天机器人等。

美国人工智能的发展还离不开美国各大高校的人工智能研究机构，下表展示了典型研发机构的研究成果。

表 5-1　典型研发机构的研究成果

研究机构	典型产品或技术
斯坦福大学	建立世界上最大的人造神经网络系统
加州伯克利分校系统仿生实验室	动力自制爬行昆虫
哈佛大学计算机科学实验室	机器苍蝇
普林斯顿大学人工智能实验室	机器学习

续表

研究机构	典型产品或技术
卡内基梅隆大学计算机科学实验室	专家系统
康奈尔大学计算机科学实验室	智能机器人、人工神经网络
南加州大学计算机科学实验室	机器视觉、自然语言理解

二、美国人工智能的应用现状

人工智能的应用在美国的军事装备和民用产业上的很多方面都有体现。

（一）在军事装备上的应用

人工智能技术已经用多种形式应用于美国军事作战系统。NASA进行了"小行星重向机器人任务"航天器早期设计工作；美军推进蜂群式无人机研究，实现了更高水平的决策和功能；NASA利用遥控机器人建造发射着陆台；BAE系统公司开始"自适应雷达对抗"项目第二阶段的开发；美国海军开发了生物启发式自主感知（BIAS）项目；美国海军陆战队测试了持枪机器人，该机器人装有传感器和摄像头，配备M240机枪；美国空军开发认知电子战用精确参考感知项目；DARPA启动人机协作项目——"可解释的人工智能（XAI）"，并向工业部门寻求人工智能自适应无线电技术；美国陆军研制士兵运动自发电装备；黑睿技术公司将人工智能技术用于其反无人机系统；美国海军开发了AR潜水镜，可以显示潜水时的实时数据，包括声呐数据、深度和压强等。

美国研发了"陆军全球军事指挥控制系统信息系统"，装备于美国陆军航空兵部队运输直升机上，可以使直升机驾驶员与前线士兵保持联络，并指挥地面部队，同时还可以搜集数据，为美国未来的网络数字化战场指挥系统提供支持。

美国还研发了 ENVG 头盔式夜视镜，它具有智能"集像增强"功能，与当前美军使用的激光照准器兼容，可以应用于城区巷战、低光照甚至完全黑暗的环境中，提高士兵的战场感知能力和机动性，现在美军作战部队已经开始装备使用。美军还将使用 Innovega 研发的一款适用于军事应用的眼镜，它可以通过全息三维显示技术为作战人员提供包括地理环境、陆地和空中敌军力量等一系列作战信息。

（二）在民用产业上的应用

人工智能产品不仅可以应用在军事作战及防御上，还可以运用在民用产业中，提高产业的生产效率，为人们的生活带来便利。

ABB 在美国波士顿发布了双臂两弓协作机器人，可以减轻人力劳动；美国机器人公司 Aptonomy 发布了"安全卫士"无人机原型；美国斯坦福大学研发了类人机器人 OceanOne，成功打捞了深海渔船；美国成立了智能制造创新研究所；哈佛大学利用 3D 打印技术制作出了新型"章鱼机器人"，实现全软体结构，来执行许多传统机器人无法完成的任务；美国还研发了机器人 Luigi 来监测地下水污染情况；IBM 发明了世界首个人造神经元，可以用于制造高密度低功耗的认知学习芯片；麻省理工学院与斯坦福大学共同研发可随意变形、自由爬行的迷你穿戴机器人；美国开发了安装有螺旋仪和触摸传感器的微型机器人；谷歌 Sidewalk Labs 欲在美国 16 个城市打造智慧城市，提供技术援助，以改善这些城市的公共交通服务和交通流量；美国航空公司 TUI 与商业卫星公司 SSL 共同研发能直接在太空 3D 打印卫星的蜘蛛机器人；美国医疗机器人已经成功应用在前列腺手术及心脏手

术等外科手术中，并被用于外伤康复与智能义肢等领域；美国正在成为全球智能家居市场容量最大的国家，智能排插、智能台灯和智能温控仪等正在改变人们的生活。

三、美国人工智能的未来发展计划

美国对人工智能的未来发展充满了野心，企图以工业革命颠覆军事，人工智能已经成为巩固其全球霸主地位的一个重要筹码。

从 2019 年 2 月，美国白宫科技政策办公室发布的《美国人工智能计划》可知，美国将集中联邦政府的资源来大力发展人工智能，采取多种方式来巩固它在人工智能领域的领导地位。主要包括投资人工智能研发、释放人工智能资源、制定人工智能治理标准、建立人工智能人才队伍、保护美国人工智能技术等 5 个方面。

为确保在人工智能时代"领头羊"地位，美国通过强化政策支持、推动国会立法、加大研发教育投入、建设智能化军事体系等多项措施，为人工智能的发展提供有力的支持和多方位的保障。

第二节 英国

英国作为人工智能研究的学术重镇，在人工智能 60 多年发展史上扮演着重要角色。无论是计算机之父、人工智能概念雏形的提出者艾伦·图灵，还是掀起人工智能最新一代研究浪潮的 AlphaGo，都与英国有着密切联系。可以说，在人工智能 60 多年的发展史上都有英国创造的身影。

一、悠久的历史积累

早在 1950 年，来自英国的著名科学家艾伦·图灵就人工智能的发展做了广泛的研究并发表了相关成果——《计算机器和智能》。随后，1952 年，英国著名科学家克里斯托弗·斯特拉奇编写出了能实现跳棋的程序，开启了 AI 产业的第一次国际化热潮。在这之后，1973 年，同样来自英国的数学家詹姆斯·莱特希尔爵士在调查研究了美国的 AI 热之后，在议会发表了著名的批评报告。他在报告中罗列了详尽的证据，认为当时流行的基于逻辑学的符号编程，根本无法解决复杂的现实问题。这份报告给了 AI 界当头一棒，使得欧美国家大幅度削减 AI 领域资金，直接引起了历史上著名的"AI 之冬"到来。随后，在日本的"第五代计算机"刺激下，各国纷纷开始了对知识系统的研究开发计划，英国人也没落后，打造了名叫 Alvey 的智能知识库系统。虽然这普遍被认为是产业泡沫，但它还是激发了英国学术界在自然语言处理、知识图谱技术、人机交互探索等领域的前进，刺激了年轻一代另辟蹊径去寻找 AI 的未来。Alvey 项目之后，AI 的投资再次下降，但这一领域的前景已经出现了好转，因为新的编程方法不再依赖于符号推理的线性组合。尽管符号编程是人类语言最简单的编程类型，但模拟自然技术从感知环境（如来自感官的信息）中也可以推断出很多信息，因为它们不包括陈述性或假设性知识的直接表述。在 20 世纪 80 年代，出生于英国的"AI 巫师"杰弗里·辛顿提出了反向传播算法，力证了神经网络的价值，可谓间接开启了我们今天面临的这次人工智能的"二次复兴"。纵观人工智能的发展历程，英国确实从来没有在任何一次 AI 史上的重要转折点缺席过，并且几位英国科学家还在不同程度上改写了 AI 的进程。

二、政府长期的研发投入

英国在人工智能领域的发展，很大程度上得益于政府长期有力的研发投入。比如，早在 1982 年，英国政府就推出了研究发展高级信息技术的"阿尔维计划"，投资 3.5 亿英镑支持共计 150 个项目的研究，其中包括人机接口、软件工程、超大规模集成电路、智能系统等，旨在为 AI 在英国的发展提前布局。近年来，英国政府更是重视该国人工智能的发展。例如，2013 年，为了发展英国大数据和节能计算技术，政府投资了 1.89 亿英镑。2015 年又增加投资 7300 万英镑用于开发大数据技术。不仅如此，为了推动大数据的发展，该国政府还积极推进数据开放。英国也是继美国之后，第二个开放政府数据的国家。此外，英国政府也发布了一系列文件来支持人工智能在英国的发展。在 2016 年，英国政府发布了《人工智能：未来决策的机遇及影响》的报告，明确指出人工智能在各行各业的深度应用将有力促进经济增长[1]。2017 年，英国政府发布报告《在英国发展人工智能》，提出在英国促进人工智能发展的重要行动建议，从数据获取、培养人才、支持研究与应用发展 4 个维度着重布局，并鼓励学术界、产业界和政府携手并进，加强英国在全球人工智能竞争中的实力。2018 年，英国政府发布文件《产业战略：人工智能领域行动》，确立围绕人工智能打造世界最创新的经济、为全民提供好工作和高收入、升级英国的基础设施、打造最佳的商业环境、建设遍布英国的繁荣社区五大目标。为加速落实人工智能行动计划，英国政府将加速推进人工智能在石油开采、航天等行业的研究，推进人工智能与医疗健康、汽车行业、金

---

① 李辉、王迎春：《人工智能的"伦敦现象"及对上海的启示》，《科技中国》2018 年第 5 期。

融服务等行业的深度融合。

三、科学人才供给充足

作为牛津大学、伦敦大学、剑桥大学、爱丁堡大学、华威大学等多所高等学府的聚集地，英国拥有着无可匹敌的人才优势。而在人工智能的发展历程中，有不少重要成果来自英国科学家。比如，击败世界围棋冠军的机器人阿尔法。近年来，英国高校扶持 AI 创业形成了鲜明的"2+5模式"。2 是指艾伦·图灵研究所与工程和物理科学研究委员人工智能研究所。在这两大机构周围，上述提到的英国 5 所高校各自发展 AI 产业生态、领域优势和人才培养项目。良好的学术生态让英国的大学长期处在研究前沿，始终保留着强有力的 AI 研究能力，并且源源不断地向企业输送 AI 人才。比如说，被称为三大专家型 AI 企业的 Swiftkey、DeepMind 和 Ravn，都是获得大学科研支持并由学术研究人员直接建立，且源源不断吸收学术人才甚至高级别科研人员。多个研究报告都指出，英国的企业家和投资机构在打算进入人工智能等科技领域时，会习惯性地把科学家聚集在一起，以此作为企业的原始资本。而英国政府也乐于见到这种亦学亦商的现象。与此同时，伦敦、牛津、剑桥这一"科技金三角"吸引了约 3/4 的欧美基金在此设立分支，目前在伦敦工作的研发人员达 42 万人，该数字在 2015—2017 年间增长了 16%。人工智能的应用发展离不开大量技术专家的支持，为储备成熟的人工智能人才，英国逐步构建完善的人才培育和激励体系。比如，在 2017—2021 年期间，计划培养 8000 名人工智能专业教师、培训多样化数字技术学生 5000 名、新增 AI 相关专业博士点 450 个、加大海外人工智能人才引进力度。在国际合作方面，英国先后和法国、日本加强了高端科研中心、机器人、大数据等领域的合作①。学术为先、高校为源的 AI 产业文化，极大程度加强了英国不同于世界任何地区的创业优势。政府并不与企业竞争人才，反而期待学术系统的人才与跨国巨头、创业企业合作，帮助政府创造全球范围内的商业价值。同时，政府不仅鼓励高等院校设立与发展线上人工智能课程和持续的专业技能培训，提供丰富的行业专业知识；更创立图灵人工智能奖学金并向来自世界各地的有资历的专家开放，吸引全球最优秀的人工智能人才。

四、创新企业活力十足

2016 年的一项报告显示，2000—2016 年期间，在欧洲范围内，英国是人工智能公司数量最多的国家。据估计，英国有 200 余家早期独立的人工智能公司，被 Amazon 收购的 Evi 和 True Knowledge、被 Google 收购的 DeepMind、被 Apple 收购的 VocalIQ、被 Twitter 收购的 Magic Pony、被微软收购的 SwiftKey 均名列其中。这些被收购的企业大多致力于基础算法的研究，比如深度学习、自然语音处理、图像识别、语音技术。而作为人工智能的核心，算法是人工智能发展的重要因素，这也成为这些企业被收购的主要原因。其中，DeepMind 正是由于其在深度学习领域的领先优势被 Google 斥资 4 亿英镑收归麾下。近年来，在英国浓厚的学术背景影响下，GPU 等技术带来的计算力提升和卷积神经网络等技术的成熟让大批蓄势待发的创业者看到了新的曙光，大量人工智能初创企业纷纷崛起，为人工智能商业化提供了契机。据 2017 年的一项报告显示，过去 3 年，英国每个星期，至少成立一家人工智能创业公司。而如此多的创业公司背后离不开英

---

① 罗羽、张家伟：《英国更注重人工智能基础性研究》，《经济参考报》2019 年 3 月 12 日。

国对于人工智能初创企业的投资，以及英国高校教育研究资源深厚的支撑。一方面，据统计，英国对人工智能初创企业的投资超过法国和德国在人工智能初创企业上的投资总和。而政府提供的人才培训计划、财务扶持和学术成果标准化售卖，也给了创业者以粮草弹药。另一方面，一些英国人工智能企业与英国高校有着密切的联系与合作。比如前面提到的 True Knowledge、SwiftKey、VocalIQ 等企业均成立于剑桥大学，Magic Pony 创立于帝国理工学院，"深蓝" Lab、Vision Factory 等得到了牛津大学的支持。这继而加速了英国所积累的学术优势，缩短了技术成果转换周期。

第三节　瑞士

　　人工智能的发展离不开硬件和软件的支持，众所周知，全球人工智能巨头美国是依靠软件发家。相反，在人工智能浪潮中，瑞士一早就盯准了机器人产业，并随着之后的发展被人们称为"机器人硅谷"。瑞士在智能机器人领域取得的成绩与其优质的教育资源密不可分。苏黎世联邦理工大学和洛桑理工大学是瑞士顶尖的两所大学，它们拥有并培养出了一大批机器人领域的研发人才。其中，苏黎世联邦理工大学是欧盟最好的机器人研究机构。洛桑理工大学也拥有两个欧洲最好的机器人实验室——智能系统实验室和仿生机器人实验室，2013 年还引入了人类大脑项目。如此强势的教育资源，注定了瑞士将在全球智能机器人产业大展风采。

表 5-2　瑞士机器人领域世界级教授

姓名	机构	贡献及研究领域
Jürgen Schmidhuber 教授	瑞士人工智能研究所	神经网络先驱、LSTM 理论主要提出者
Roland Siegwart 教授	苏黎世联邦理工大学	机器人控制、视觉、路径规划、人工智能
Dario Floreano 教授	洛桑理工大学	机器人感知、计算生物学
Davide Scaramuzza 教授	苏黎世大学	机器人感知、SLAM、人工智能

　　瑞士在全球智能机器人领域的地位除了得益于苏黎世联邦理工大学和洛桑理工大学两所顶尖大学外，还离不开政府的高度重视。瑞士政府一直将机器人技术作为国家战略的发展方向之一，并于 2012 年 12 月，由洛桑联邦理工学院、苏黎世联邦理工学院、苏黎世大学以及瑞士达勒莫尔学院 4 所大学联合创建、成立了瑞士国家机器人能力研究中心，以此加强对可穿戴机器人、救援机器人的研究。该研究中心除了承担以上研究任务外，还派遣了 20 名教授和 100 多名研究者进行公众机器人教育，也为有想法的创业者提供完善的技术支持和资助。这样的举措大大加快了瑞士机器人领域的理论落地。除了该中心以外，瑞士还有 28 个这样的研究中心。它们的共同目的都是推动瑞士在机器人领域的发展，帮助瑞士在全球人工智能领域脱颖而出。

　　有了以上的优势，再加上瑞士良好的税收制度、比美国硅谷性价比更高的顶尖人才、美丽国家环境，在机器人产业名声大噪的瑞士吸引了一大批世界顶级的公司来这里创建联合产业。其中，早在 1945 年，IBM 就在瑞士成立了苏黎世研究中心。2016 年，Google 也在苏黎世创建了除了加州以外最大的研究中心。除此之外，Microsoft、Facebook、Apple、华为、大疆等各行业的巨头也纷纷在瑞士成立了自己的研究中心。

表5-3 全球各行业巨头在瑞士成立研究中心

公司	内容
IBM	与瑞士医院合作研究如何将人工智能"沃森"应用于辅助疑难病诊断
微软	收购苏黎世联邦理工大学的技术转移公司Netbreeze
谷歌	建立人工智能实验室，进行人工智能和机器学习方面的研究
脸书	在苏黎世成立了工程实验室、机器视觉工程研发机构
苹果	在苏黎世联邦理工大学招募了10名机器视觉和机器人方面的博士及博士后进行机器视觉方面的研究；收购苏黎世联邦理工大学计算机视觉实验室的技术转移公司Faceshift
三星	与苏黎世联邦理工大学合作获得某高速相机技术应用全球独家专利
华为	向苏黎世联邦理工大学"先锋者"计划的科研人员提供支持，并且为具有潜力的科研人员提供创业支持，帮助初创企业进入中国市场
大疆	与洛桑理工大学技术转移公司Flyability合作，将Flyability耐碰撞无人机与大疆Lightbridge 2数字图像传输系统相结合，新产品可用于工业

伴随着全球各行业巨头先后在瑞士创立了研究中心，瑞士出现了越来越多的机器人与人工智能新兴产业。现在，瑞士已经成为国际化的机器人创新中心。

通常，小的初创公司工作内容更加灵活、自由度大，且员工通常比大公司更加有激情，他们大多数都是觉得自己不是在工作而是在改变世界。相反，大公司的工作职责非常清楚，员工更像是螺丝钉，缺乏创造性。所以，为了保证创新，像Google、Apple、ABB、Facebook这样的大公司要么成立自己的创业公司，要么收购具有前景的小公司。

瑞士在机器人领域拥有最高密度的创业公司，在这里，早期的初创公司可以得到政府、苏黎世联邦理工基金会等部门的支持。此外，瑞士政府也非常欢迎来自其他国家的企业或政府的投资，但前提条件是被收购的公司要继续留在瑞士发展。

一、强悍的机器人产业

瑞士是高端制造业的代表，有了苏黎世联邦理工学院、洛桑联邦理工学院在人工智能、机器学习、感知方面的理论研究作为支撑，瑞士制造出了许多全球领先的机器人，也诞生了全球年收入最高的工业机器人企业——ABB。

ABB 总部位于瑞士苏黎世，拥有 130 多年的历史，是一家专注于研发工业和操作型机器人的公司，目前在全球数字行业处于领先地位。据悉，该公司在全球 53 个国家设有分公司，有 14.7 万名员工，安装了 40 多万台机器人，拥有行业内最广泛的服务网络和产品。

2015 年，ABB 推出了世界上第一个真正的协作机器人 Yumi。它的诞生意味着一个新时代的开启，在这个时代，人类可以毫无障碍的与机器安全、高效地协作。协作机器人将人类独特的应变能力与机器人精确、不断重复任务的能力相结合，增加了整个装配过程的灵活性，可以在短周期内制造大量高度个性化的小批量产品。

Yumi 的设计是为了满足电子工业中小型零件装配所需的灵活、敏捷的生产要求。同样，它也非常适合其他小零件环境，如手表、玩具和汽车零部件的制造。这一切都归功于它的灵活的双臂、通用的零件进给系统、基于摄像机的零件定位和最先进的运动控制。此外，ABB 还为 Yumi 穿上了一副轻巧、坚硬的镁骨架，上面覆盖着一个用软垫包裹的浮动塑料外壳，可以很高程度地吸收任何意外冲击的力量。并且 ABB 通过实时算法为所需任务定制的每个机械臂设置了一条无碰撞路径。即使出现意外情况，例如与同事发生碰撞，它也可以在毫秒内暂停运动以防止受伤，之后再重新启动该运动。除了拥有超高精度外，Yumi 的运动速度也不容小觑，它可以在确保 0.02 毫米精度的同时以 1500 毫米 / 秒的速度移动。如果你认为如此"精致"的 Yumi 只有专业人士才能驾驭，那你就错了。ABB 简化了 Yumi 的设计和安装，即使没有受过专门训练的人也可以毫无困难的使用它。

图 5-1　Yumi

二、全球区块链中心——加密谷

2019 年 10 月，在中央政治局第十八次集体学习时，习近平总书记强调"把区块链作为核心技术自主创新的重要突破口"。从本质上讲，区块链就是一个共享数据库，系统中的每个人都可以查看、修改其中的数据，杜绝了伪造数据的情况。而瑞士的楚格市是世界区块链发展的核心区域，享有"加密谷"的美誉。

提到加密谷大家可能就会联想到美国的硅谷。硅谷位于美国加利福尼亚北部，是世界高新技术创新和发展的开拓者和中心。但在区块链领域，加密谷却比硅谷更加有竞争优势。

瑞士拥有 430 余家区块链创业公司，在区块链领域，加密谷的发展已经超过了硅谷。这离不开瑞士政府的支持。瑞士成立了加密谷协会，该协会主要为当地的区块链企业提供服务，通过整合各种资源：创业公司、投资者、学术界、立法者……来促进瑞士区块链产业的发展。

2017 年，人工智能成了当年最火爆的名词，各个国家、行业的发展都与其紧密的联系在一起。在这场新的全球科技争夺战中，每个国家、企业都作出了自己的选择，有的选择了做视觉、有的选择了做语音……而瑞士选择了做好人工智能的身体。带着在机械领域数十年的积累、一大批世界级的机器人专家和高质量的大学、政府对机器人产业的大力支持，瑞士虽然目前仍处于理论向市场转型的阶段，但这并不妨碍它成为全球机器人产业的硅谷。

第四节　日本

在人工智能两次寒冬和三次热潮中，日本作为世界上最大的经济体之一，和有着良好的工业基础的国家，也有着十分亮眼的表现。

确切来说，从 1956 年人工智能诞生于美国的时候，便加入了人工智能初期研究，而此时便是人工智能的第一次热潮，被人们称之为人工智能研究的"推理与探索期"，在这个时期，人们将能够如人类一般可以进行抉择或思考的机器人定义为"人工智能"。伴随着这次探索，人工智能技术开始萌芽，但由于极少的理论支撑，这次探索并没有带来太大的建树。不过值得一提的是，在第一次热潮时期，日本已经开始尝试使用人工智能技术，让机器拥有一些能够简单的"思考"

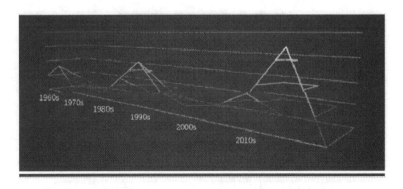

图 5-2　人工智能的三次热潮与两次寒冬

能力，比如定理的推导、能够对弈象棋、语言处理等。而后不久，人工智能的研究遭遇了寒冬——人们从经历计算机处理某些问题的强大后，逐步冷静下来，发现此时的人工智能或许能够按照给定的规则进行运作并达到目标，但是对于人们生活中的问题，计算机的能力和人类比起来，似乎显得相形见绌。

寒冬之后，便是春暖花开。大致在 20 世纪 80 年代至 90 年代，随着生产力的发展和需求，人们开始通过给计算机输送固定的知识来辅助计算机帮助提高生产，而人工智能与知识相结合处理现实生产问题掀起了又一次人工智能的狂潮。而日本也随着世界的人工智能热，开始了以"知识"为主题的人工智能技术的研究，在这过程中，日本学者将人类的逻辑推理过程、固有的知识体系等逐步纳入自己的研究范围，与此同时神经网络和专家系统也成为日本人工智能学术领域最火热的话题之一。

依托日本强大的制造业基础，结合连续铸钢技术和人工智能技术，日本最大的钢铁公司，也是世界最大的钢铁公司之一的新日铁公司便先后推出了连铸系统，以及基于神经网络的连铸漏钢预报系统，这预示着人工智能技术在此时为工业生产和制造注入了较大的活力。

此外，日本利用视觉技术、神经网络以及现有的知识体系建立了专家系统，并将该专家系统运用到日本十分重要的交通工具，即新干线列车，其辅助列车的运行。毫无疑问，在第二次人工智能的热潮中，日本在这些领域都取得了十分耀眼的成就。

当然，成功的路上免不了失败，日本在推行自己构建的"第五代计算机"模型时却遭到了滑铁卢。在电子管、集体管、集成电路，以及超大规模集成电路这四代计算机之后，日本在这次热潮中，提出了自己构思的第五代计算机的概念，包括函数机、逻辑程序机、关系代数机等6个部分。在日本取得动态存储器芯片的突破进展以及人工智能第二次热潮的推动下，日本有优秀的基础在AI以及IT领域成为佼佼者甚至领导者，可惜的是，随着学术会议讨论，第五代计算机包含的领域太过复杂甚至相关度不大的领域也被囊括其中，这导致第五代计算机并没有得到良好的发展，最终拖垮了日本构建第五代计算机的宏愿。不过无论是科技发展还是学术创新，在人类进步的旅途中，往往不是一帆风顺的，虽然日本没有成功构建第五代计算机，但是在这个过程中，日本也积累了相当丰富的人工智能方向的经验，这为日本日后在该领域作出贡献奠定了基础。

恰如第一次寒冬，第二次人工智能的停顿在于计算机虽然在知识和推理的帮助下能够处理许多确切的问题，但是对于部分模糊程度高，不易判断的难题，人工智能技术仍然无法处理。日本也被困惑于其中。但是一切都无法阻挡人类对人工智能的热情，在经历第二次寒冬后，第三次人工智能的热潮逐步向世界袭来。

在人工智能再次陷入寒冬时，世界各地的学者在其他如大数据、互联网、计算机等领域取得了巨大的进步，与此同时，第二次热潮中萌芽的神经网络、深度学习等经过一段时间的"蛰伏"，也有了显著的进步，而这一切为推动人工智能发展以及第三次热潮提供了条件和环境。

相较于第二次热潮末，人们发现固定的知识模式在解决固定或者具体问题时有很好的效果，而在处理模糊、抽象的问题时，往往表现不佳。借助神经网络、大数据以及模糊数学等工具，机器逐步懂得了自己"学习"。

在以抽象学习等为方向的第三次人工智能热潮中，日本凭借自己强大的制造业基础以及人工智能基础技术的积累，在人工智能领域再次占得了一席之地。虽然近年来，在人工智能应用领域以及相关学术研究贡献中，日本总体上落后于中国和美国，但是在传感器、执行器、图像识别等方面可谓行业中的佼佼者，甚至不逊色于美国，很多经验值得我国学习和借鉴。

日本在本次热潮中，对人工智能方面十分重视，甚至将其作为与大数据、物联网并列[①]的"工业 4.0"——第四次工业革命，和"智能社会 5.0"中的三大支柱之一。而后在 2016—2017 年，日本先后建立了 3 个国家层面的人工智能研究所，加大支持力度，并制定相关的人工智能发展方针，从国家到研究所、企业，再到个人，日本展现了为人工智能作出巨大贡献的决心，可以推测的是，未来日本人工智能的发展是值得期待的。日本政府在《人工智能战略 2019》中更是指出人工智能战略三大目标，即奠定未来发展基础，构建社会应用和产业化基础以及定制并应用人工智能伦理规范。2020 年日本将量子技术、人工智能以及生物科学定位为"三大"战略性科技；由此可见日本对人工智能的重视程度。以日本的智慧农业项目为例，在 2019 年，已

---

① 高芳、张翼燕：《日本和韩国加快完善人工智能发展顶层设计》，《科技中国》2018年第 8 期。

经有超一半的日本农户选用农业互联网技术，这对于解决日本因老龄化社会结构导致的劳动力下降有很大帮助。据悉，2020 年日本仅农业机器人市场规模就有 50 亿日元。

当然，如今的日本，已经在不少领域都为我们带来了惊喜。

比如在日本所擅长的语音识别和图像识别领域，日本推出了可实现大数据识别（如灾害等）并提供有效问答的分析系统——如日本科雷沃能够提供与人闲聊、知识问答以及解释意图等多种功能；能够实现多种语言的机器语音翻译如"VoiceTara"；以及在未来或者当下已经实现的求职、招聘甚至预防犯罪方面的 VaakEye 入店行窃预防系统。这些技术不仅能识别人脸，甚至能从中了解分析你的意图。

此外，在自动驾驶领域，日本的丰田、日产、欧姆龙、富士通等汽车公司都先后推出了自己的无人驾驶技术或产品，最高评级达到 level3，这也是自动驾驶技术，除去行驶过程完全摆脱人类所能达到

图 5-3　日本丰田 TRI 无人驾驶车

的最高等级。

日本在将人工智能技术运用到医疗领域，也取得了许多突出成就，包括疾病预防、疾病诊断、药物致癌性预测、新药开发以及医患护理等方面，人工智能技术发挥着重要的作用。

在制造业发达的日本，其基于人工智能的机器人成果，也十分惊艳。无论是前文提到的可能在服务业"大展拳脚"甚至为人脑电波控制的明星机器人阿西莫，还是智能服务机器人 pepper、智能歌姬等人形机器人，其优越的性能和卓越的表现，都不禁让人对日本机器人，尤其是人形机器人的发展充满了期待。而在推迟一年的东京奥运会上，大家或许还有机会能看到日本将人工智能运用到裁判系统上，为更加公平公正的体育赛事奉献自己的力量，在未来的人工智能领域日本同样让人拭目以待。

图 5-4　智能服务机器人 pepper

第五节　加拿大

人口只有 3700 多万的加拿大，拥有的领土面积却位居世界第二，位于北美洲最北端，素有"枫叶之国"的美誉。在世界舞台上，加拿大的"存在感"一直很弱，但是，在这次人工智能的浪潮中，加拿大不再低调，大力发展人工智能。下面我们分别从政策、资金和人才方面分析一下加拿大人工智能发展情况。

一、发展现状

（一）政策

加拿大发展人工智能也有很长一段时间，在 20 世纪 80 年代中期到 90 年代中期，全球人工智能处于低迷发展时期，加拿大政府一直资助人工智能研究。

加拿大是首个发布 AI 全国战略的国家。2017 年，加拿大政府宣布了《泛加拿大人工智能计划》（*Pan-Canadian Artificial Intelligence Strategy*），政府承诺提供 1.25 亿加元（约合 6.5 亿元人民币）用于人工智能领域的研究和实施人才战略。

该计划由加拿大高级研究院（Canadian Institute for Advanced Research，CIFAR）领导，与三个新成立的人工智能研究所——埃德蒙顿的阿尔伯塔机器智能研究所（Alberta Machine Intelligence Institute，AMII）、蒙特利尔的学习算法研究所（Montreal Institute of Learning Algorithms，MILA）和多伦多的向量学院（Vector Institute）合作。

该计划有 4 个主要目标：

1.增加加拿大优秀人工智能研究人员和毕业生的数量。

2.在加拿大埃德蒙顿、蒙特利尔和多伦多的三个主要人工智能中心建立卓越的科学团队。

3.建立与人工智能发展有关的经济、伦理、政策和法律等方面的全球思想领导地位。

4.支持全国范围内的人工智能研究团体。

值得一提的是加拿大的留学和移民政策越发友好和包容。2017年11月，加拿大政府推出了"百万移民"计划，该计划意图缓解加拿大"缺人"的状况，因为该国的人口出生率和死亡率持平，这会严重阻碍该国经济的发展。与邻国美国的移民政策完全相反，自从特朗普上台后，美国推行收紧的移民政策，这会导致很多人流向加拿大。对于地广人稀的加拿大来说，更多的移民能够为该国带来更大的活力。

（二）资金

人工智能的发展不仅需要政策的支持，更重要的是需要资金的支持。

在2016—2017年这一年的时间里，加拿大政府对人工智能研发的持续投资超过了13亿加元（约合64亿元人民币）。

2018年2月，加拿大推出"超级创新集群计划（Innovation Super Clusters Initiative）"，该计划投资9.5亿加元，支持5个超级创新集群项目，其中的一个项目是基于人工智能的供应链超级创新集群。

除此之外，原本就开设人工智能研究中心的大学纷纷获得了加拿大政府资助，比如蒙特利尔和艾伯塔等大学。

就资金而言，除了本国政府的资助之外，世界上其他国家的企业也把科研中心建立在加拿大或者投资加拿大本国的学校和学院并与其进行合作。

2016 年，Google 向蒙特利尔学习算法研究所和一个深度学习研究中心投资 450 万加元，还向多伦多的向量学院投资了 500 万加元。9 月，Facebook 在蒙特利尔开设人工智能办公室。微软表示向蒙特利尔大学捐赠 600 万加元，向麦吉尔大学捐赠 100 万加元，并计划两年内将蒙特利尔的 AI 研发团队规模扩大一倍。

2017 年，优步在多伦多开设了一个 ATG（Advanced Technologies Group）部门，并表示投资 1.5 亿美元在多伦多发展自动驾驶和人工智能业务。同年 10 月，谷歌的母公司 Alphabet 旗下专注于智能城市技术的部门 Sidewalk Labs，宣布与多伦多政府展开合作，在 Quayside 建设一个高科技社区，已经承诺投入 5000 万美元。

（三）人才

人工智能的发展，有了政府政策和资金的支持，当然少不了人工智能人才支撑。受惠于加拿大友好包容的移民政策和美国紧缩的移民政策，加拿大在人工智能人才储备方面十分充足。

首先不得不提的是深度学习教父杰弗里·辛顿，因厌烦里根政府的外交政策和避免使用美国军方的科研资助，在美国任教的辛顿决定辞职搬到加拿大。随后辛顿加入了加拿大高级研究院 CIFAR，在足够稳定资金的支持下，辛顿在多伦多专注于当时不被认可的深度神经网络，终于在 2006 年提出了使用贪婪学习逐层训练深度神经网络的方法，让世人认识到深度学习的可能性。辛顿随后培养的博士后学生杨立昆成了 Facebook 人工智能研究主管。

还有与辛顿、杨立昆并称为"加拿大深度学习黑手党"并在 2019 年共同获得图灵奖的约书亚·本吉奥，现任蒙特利尔大学计算机科学与运筹学系教授、蒙特利尔学习算法研究所的负责人。

还有值得提及的是强化学习教父理查德·萨顿，现于阿尔伯塔大学任教，其提出的强化学习算法被广泛应用在围棋、无人机、机器人等领域，震惊世界的 AlphaGo 就是萨顿学生的作品。

通过上面的介绍，我们可以发现加拿大在人工智能顶尖人才方面的队伍十分强大。而且顶尖人才都在加拿大国内高校任教，不断为加国培养人工智能方面的人才。还有，加国是世界上受教育程度最高的国家，也是唯一一个超过一半人口受过高等教育的国家。

通过以上 3 个方面的介绍，我们可以总结出加拿大发展 AI 的优势主要有强力的政府财政扶持、宽松的移民政策、顶尖的人工智能研发团队和高质量的整体国民教育水平。在这些优势条件的促使下，加拿大形成一个包括 60 多个实验室、大约 650 家初创企业、40 多个加速器和孵化器的极其丰富的人工智能生态系统。让加国形成了埃德蒙顿 AI 生态系统、蒙特利尔 AI 生态系统、魁北克 AI 生态系统、多伦多 AI 生态系统、温哥华 AI 生态系统和滑铁卢 AI 生态系统。但是由于加国地广人稀、学术研究缺乏商业化，许多初创公司很难获得更大规模的资金支持，导致加国很难形成人工智能行业的"独角兽"。

二、高科技成果

加拿大高科技发展虽然也取得了十分显著的成果，但由于紧邻美国这个高科技强国，被美国盖住了风头，从而减少了人们对加国的关注度。Business Insider 的 2017 年、2018 年全球科技城市排名前 20 里面，加拿大占有三个席位。

加国的工业机器人做的比较好，比如分拣货物机器人、太空机械臂、医疗手术机器人等。尤其是 MDA 公司的太空机械臂（Canadarm 和 Canadarm2），该机械臂是世界上最先进的太空维修和飞行器对接设备。在国际空间站和航天飞机复杂的工作过程中，加拿大机械臂已

图 5-5　航天员在太空机械臂 Canadarm2 上作业的情形

经服务了十几年，从航天器的维修、能源补给、空间站组装到辅助太空行走，加拿大机械臂都能胜任。

　　加拿大的航空工业十分发达，其航空工业中绝大部分的产品都会销往国外。比较著名的航空公司有庞巴迪工业集团与加拿大航空电子公司（CAE）。庞巴迪是全球第三大民用飞机制造商，同时也是世界上唯一一个同时生产飞机和机车设备的制造商，该公司的业务覆盖60 余个国家。庞巴迪可谓是中国高铁技术的老师，中国最早的高铁 CRH1 和 CRH380D 全部由庞巴迪引进。CAE 公司是世界最大的飞机全自动模拟机研发商，为世界各大航空公司提供训练飞行员时必备的教练机，同时提供综合培训解决方案，也是世界上最大最专业的虚拟现实产品制造商。

　　在铁路建造技术方面，加拿大与美国合作建造了全球首条商用"真空胶囊铁路"，时速可达 1200 公里。还有在软件开发技术、量子计算与通信技术、汽车制造技术和生物技术方面，加拿大都取得了不错的成果。

伴随着人工智能技术的发展，加拿大在此次人工智能浪潮中也会乘风破浪，取得更多的高科技成就。

第六节 中国

全球人工智能还处于发展初期，我国多项技术处于世界领先地位，创新创业也是日益活跃，但是整体水平与发达国家仍有较大差距[①]。

中国人工智能终端产品发展较为迅猛。现介绍三款具有代表性的产品，这三款产品分别是智能语音音箱、智能人形机器人和多旋翼无人机。使用了人工智能进行语音交互的智能语音音箱，近几年取得爆炸式的发展，据统计其复合增长率年均超过30%，从2017年的全球

图 5-6　亚马逊与国内智能音箱代表产品

---

① https://blog.csdn.net/zhangbijun1230/article/details/82078446.

总市场规模 11.5 亿美元增至目前的 35.2 亿美元。谷歌已经超过亚马逊成为全球智能音箱市场的第一巨头，中国的智能音箱企业占据全球智能音箱市场份额为 19%。

智能人形机器人。智能人形机器人的关键技术包括感知、决策、人机交互和机电一体化等。从应用角度来分，智能机器人可以分为工业机器人和服务机器人。其中，工业机器人包括喷涂机器人、码垛机器人、搬运机器人和协作机器人等。服务机器人可以分为行业应用机器人和个人 / 家用机器人。

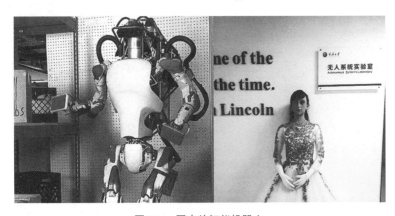

图 5-7　国内外智能机器人

智能无人机。目前无人机市场主要由个人消费级无人机和军用无人机构成。消费级无人机主要用于航拍、跟拍等娱乐场景。军用无人机将分别执行精确制导、侦察预警、战场搜救、特种作战、跟踪定位、中继通信、信息对抗等战术和战略任务，今后其运用领域会得到不断的拓展。

作为中国人工智能科学家典型代表，汤晓鸥目前担任香港中文大学信息工程系教授，同时还担任中国科学院深圳先进技术研究院副院长。作为创业者，汤晓鸥是商汤科技创始人。1996 年攻读了麻省理

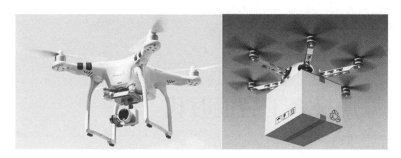

图 5-8　航拍与运货无人机

工学院（MIT）博士，在 MIT 期间他曾加入海底机器人实验室。

　　汤晓鸥团队于 2014 年 3 月发布突破性研究成果，其原创的基于 GaussianFace 算法的人脸识别系统，在 LFW 数据库上准确率达 98.52%，首次超越人眼识别能力（97.53%），超过 Facebook 同时间发布的 DeepFace 算法 (97.35%)。这一项研究成果被评为人工智能领域影响因子最高的国际会议 AAAI2015 的最佳学生论文。之后他们入选了世界十大人工智能先锋实验室，成为亚洲区唯一入选的团队。福布斯更是称他为"中国人脸识别技术背后的面孔"。

第六章
迎接人工智能时代

　　继计算机及信息技术革命之后，第四次工业革命已经来临，人工智能在第四次工业革命中扮演了重要的角色，我们称这个时代为人工智能时代。人工智能对人类社会造成巨大影响，这个影响不仅涉及个人生活的方方面面，而且还涉及整个人类社会，正处于人工智能时代的人类如何在人工智能时代作出选择、如何去学习与发展、如何作出创新、如何去创业？这是我们不得不去思考和面对的问题。

　　前面五章我们对人工智能在人类生活和学习方面一些应用和人工智能的发展史做了简单的介绍。这一章我们从5个方面聊一聊人工智能时代我们需要面对的一些问题：人工智能对个人和社会的影响、人类在人工智能时代如何变革才能避免被淘汰、人工智能时代的教育与学习、人工智能时代如何创业、人工智能对道德和法律的挑战。

第一节 人工智能的影响：便利个人生活，推动社会发展

人工智能的发展对人类社会的影响是巨大的，主要体现在两个方面：一方面体现在人工智能为我们生活的方方面面提供便利，让我们生活得更加舒服、更加省心；另一方面体现在人工智能技术的应用，已经为人类带来了可观的经济效益，经济的发展继而推动了社会其他方面的发展，从而大大促进了整个社会的发展。

一、人工智能对个人的影响

图 6-1 智能音响

早上 7 点，小米 AI 音响（小爱同学）播放一首你没听过的音乐，但是这首音乐的风格却是你喜欢的，它会通过你平时的听歌习惯，用推荐算法计算出你的喜好，为你推荐相似风格的不同音乐，就像网易

云音乐一样，每天为你推荐你喜欢的歌曲。你可以通过语音聊天，让小爱同学播放你想听的歌曲，让它去控制饮水机自动烧水，控制面包机自动烤面包，自动开窗通风。美好的一天伴随着动人的旋律就这样开始了。

图 6-2　自动驾驶

开车上班时，你不需要手动驾驶，只通过发送语音指令就能控制汽车自行启动，然后开启自动驾驶功能，汽车导航系统根据你的目的地自动为你规划最优路线，汽车会通过导航系统、惯性系统、视觉系统等对周围的环境进行构图，自动躲避车辆和障碍物，会根据规划的最优路线安全自主行驶，你可能只需在突发情况时踩踩刹车就可以安全到达目的地。到达停车场时，你不需要手动停车，自动泊车系统会自动将车停在合适的位置，以防你倒车技术不过关，造成交通事故。

当你工作的时候，打开电脑查看邮件，电脑会为你自动将邮件进行分类，也会为你屏蔽掉垃圾邮件。当邮件中有外文邮件时，不用担心，有语言翻译软件为你将邮件翻译成你熟悉的语言。工作安排需要

图 6-3　自动泊车系统

你出差时，通过在线订票系统，客服助手会为你推荐哪天订机票最便宜，当直达的机票售完时，它还会为你推荐换乘路线。

休息时，你想使用手机，你只需用手指轻轻一点屏幕或者将手机往脸前一放，手机锁就自动打开了，这里用到了指纹识别和人脸识别功能。打开手机查看当天的新闻，你平时比较关注领域的新闻一定是在最显眼的位置，这又是智能算法的功劳。午饭时间，当你纠结去哪吃的时候，你只需打开手机上的应用软件，它会自动为你推荐离你较近、评分较高、符合你口味的饭店。当你走进饭店，迎宾机器人会说出带有你称呼的欢迎词，这是因为它记录了你之前的信息，并为你推荐你喜欢的饭菜。当你吃完饭时，手机会提醒你下午的会议时间安排，你再也不用担心会忘记参加。

下班时，你通过手机 APP 为汽车发送一个指令，当你走到停车场出口时，汽车已经在等候你的驾驶。你想顺路去超市买点东西，超市里面东西品类繁多却摆放有序：什么物品应该摆在进口，什么物品

图 6-4　手机人脸识别开锁

摆在出口，为什么同一种类的物品尽量放在一起？纸尿布旁边为什么会摆放啤酒？这些都是学习算法帮助我们学习到的经验，能够帮助超市大大提高销量。你选择使用信用卡支付是因为信用卡今天有优惠活动，这些活动是银行通过你的消费情况定期为你推荐的活动，目的就是刺激你消费。回家的路上，你可以通过手机控制家里的小米 AI 音响，它会自动打开家里的空调，让室内温度达到合适的温度；控制热水器烧水，方便你回家洗澡；你开门的一瞬间，屋内的灯自动打开。

吃完晚饭，打开电视，你选择观看的电视剧，剧本可能就是出自写剧本的机器人，它可以写诗、谱写歌曲、写故事。观看篮球比赛，场上参加比赛的选手是俱乐部通过大数据分析选手的竞技数据选出的。玩竞技类游戏时，对面的玩家可能不是真人，而是电脑玩家，游戏会根据你玩游戏的水平为你匹配水平相当的电脑玩家。打开淘宝，映入眼帘的是与你最近浏览过的一些商品相似的商品。睡觉时，灯光会由柔和的光慢慢调节到熄灭，也会播放你喜欢的催眠曲直到你进入梦乡。

人工智能会参与你人生的每个阶段。

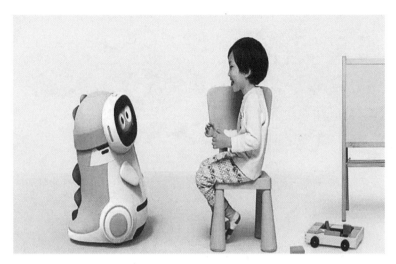

图 6-5　陪伴儿童机器人

当你还是孩童的时候，陪伴学习机器人会为你答疑解惑，不管你有多少奇奇怪怪的问题，它都能为你解答。它还会给你讲故事，为你放儿歌，教你跳舞。它会通过与你交流，分析你的情感状态，当你开心的时候，它会为你欢呼；当你难过的时候，它会去安慰你。

当你上中学的时候，你会学习很多方面的知识，也会参加各种各样的考试，机器人会辅助你掌握知识，它会根据人类的记忆曲线和你的实际情况，为你出题、阅卷、查漏补缺，大大提高你的学习效率。

当你毕业找工作时，把简历投递出去后，公司的筛选系统会自动对接收到的简历进行筛选，对符合要求的人员发出面试通知。

当你想买房时，你提出购房要求，就会有公司根据你的要求，审核你的购房资格，也会根据你的信用等级和收入水平对你发放不同额度的贷款，这样你的房子可能就有着落了。

当孩子都长大成人外出拼搏、老伴不在时，陪伴机器人可以陪你聊天，听你说当年的美好回忆。可以利用你老伴生前的影音资料，让

图 6-6　陪伴老人的宠物机器人

机器人模仿你老伴的声音与你进行交流，让你感觉到老伴一直陪伴在你身边。宠物机器人会像小猫小狗那样有自己的喜怒哀乐，它可能会安安静静地待在你身边，也可能会活蹦乱跳地对你撒娇，逗你开心。

　　你会在不知不觉中发现，原来人工智能早已经渗透今天我们生活的方方面面，为我们的生活提供了太多的便利，大大提高了我们的生活质量。

二、人工智能对社会的影响

　　上面我们介绍了人工智能对每个人平时生活方面造成的影响，接下来让我们看看人工智能对整个社会造成什么样的影响，我们主要从经济、政治、文化方面进行介绍。

（一）经济方面

　　人工智能对经济的推动作用无疑是最显著的。2016 年，Google

CEO Sundar Pichai 宣布 Google 战略从 Mobile First（移动先行）转向 AI First（人工智能先行）。Google 的这一战略，不论是对国际巨头，还是对国内的 BAT，都产生了重大的影响，他们纷纷把人工智能列为最核心的战略。

早期的专家系统给人们带来了巨大的经济效益。原因在于专家毕竟是少数，而且专家的劳务支出和培养费用十分昂贵，专家系统的使用能节约大量成本。近年来，随着科学技术的发展，大数据时代也已经来临，人们通过人工智能技术加大数据技术，挖掘出大数据背后隐藏的规律和经验，从而创造出智能设备（如医疗影像诊断）。智能设备不仅在精度上能达到人类同行业专家的水平，而且能大大节约时间，从而创造出巨大的经济效益。

人工智能的研究对计算机技术的各个方面产生了较大的影响。随着网络的发展，产生了大量的数据，处理大数据对计算机的处理器 CPU 性能提出了很高的要求，而且还需要加速器 GPU 的辅助，从而促进了并行处理和专用集成芯片的开发。硬件方面的发展也需要相应的软件方面的配合，更高效算法和灵巧的数据结构也获得了快速发展。所有这些新技术推动了计算机技术的发展，进而使得计算机为人类社会创造更大的经济效益。

（二）政治方面

法国在 2013 年，发布《法国机器人发展计划》，成为世界上比较早开始布局人工智能的国家，从此，世界上许多国家开始发展人工智能技术。尤其是在 2016 年——人工智能元年，AlphaGo 横空出世，大放异彩，各国政府才认识到人工智能的巨大潜力，开始纷纷制定相应的政策。

表 6-1 世界各国人工智能政策

国家	时间	政策/规划	推动力量	资金投入
美国	2016 年 11 月	《为人工智能的未来做准备》	国家科学技术委员会 白宫科技政策办公室 国家预算办公室 人工智能特别委员会 等	12 亿美元
		《国家人工智能研究与发展战略计划》		
		《人工智能、自动化与经济报告》		
	2018 年 5 月	白宫人工智能峰会		——
	2019 年	《维护美国在人工智能领域领导地位》		——
		《国家人工智能研发战略计划》		——
		《美国人工智能时代：行动蓝图》		——
中国	2015 年 5 月	《中国制造 2025》	国务院、科技部等 人工智能规划推进办公室 人工智能战略咨询委员会等	——
	2016 年 8 月	《"十三五"国家科创新规划》		——
	2017 年 7 月	《新一代人工智能发展规划》		——
	2018 年 4 月	《高等学校人工智能创新行动计划》		——
日本	2015 年 1 月	《机器人新战略》	人工智能技术战略会议等	1000 亿日元
	2017 年 3 月	《人工智能技术战略》		924 亿日元
印度	2018 年 6 月	《国家人工智能战略》	中央部门成立人工智能小组	——
欧盟	2014 年	《2014—2020 欧洲机器人技术战略》	欧盟委员会 欧洲机器人技术平台等	28 亿欧元
	2018 年 4 月	《欧盟人工智能》		——
	2020 年 3 月	《走向卓越与信任——欧盟人工智能监管新路径》		——
德国	2014 年	《新高科技战略》	联邦教育研究部 德国工程研究院等	110 亿欧元
	2018 年 7 月	《联邦政府人工智能战略要点》		——

续表

国家	时间	政策 / 规划	推动力量	资金投入
法国	2013 年	《法国机器人发展计划》	法国数字委员会 国家信息与自动化研究院 AI 伦理委员会等	1500 万欧元
	2017 年 3 月	《国家人工智能战略》		2500 万欧元
	2018 年 5 月	《人工智能战略》		15 亿欧元
英国	2016 年 10 月	《机器人技术和人工智能》	英国 AI 理事会 国家人工智能研究中心 工程和物理科学委员会 开放数据研究等	——
	2017 年 10 月	《人工智能：未来决策的机会与影响》		——
	2017 年 11 月	《在英国发展人工智能》		——
	2018 年启动	《人工智能行业新政》		10 亿欧元
韩国	2016 年 3 月	《人工智能 "BRAIN" 计划》	韩国科技信息通信部 韩国电子通信研究院等	
	2018 年 5 月	《人工智能发展战略》		

2015 年我国国务院印发《中国制造 2025》，明确了 9 项战略任务和重点，并制定了通过"三步走"实现制造强国的战略目标。

从 2015 年开始，我国从中央到地方政府出台了一系列发展人工智能的方针和政策。目前，我国人工智能政策不断落地，技术应用商业化进程加快。而且各个省份都出台了人才引进战略，开展了抢人才大战，向人工智能方面的人才纷纷提出各种福利和待遇，吸引人工智能方面的人才去安家落户，从而对当地的经济发展作出贡献，促进当地 GDP 的增长。

（三）文化方面

2017 年 4 月，文化部印发了《关于推动数字文化产业创新发展的指导意见》。目的是推进文化改革，促进文化多形式发展，满足人民群众高质量、多样化、个性化的数字文化消费需求，丰富人们的文

化生活。

人工智能在促进文化发展的同时，也会改善人类的语言。对于那些只可意会不可言传的潜意识，我们可以通过人工智能技术，改善语言的表达形式，把潜意识表达为人类易懂的人工智能形式。

人工智能对文化的影响还体现在不断丰富人们的文化生活。2016年，在北京百老汇影城纪念张国荣诞辰 60 周年的活动上，百度语音团队通过搜集全网的张国荣语音视频数据，提取出张国荣的声纹特征，合成张国荣生前的声音，与粉丝隔空对话，那一句"13 年了，久等了，辛苦你们"，让多少粉丝潸然泪下。

2016 年，央视猴年春晚与孙楠同台表演《心中的英雄》的 540 台跳舞机器人 Alpha 1S，通过机器人间的协作将优美的编舞展现给全国的观众，把高科技的元素淋漓尽致地展现在人们面前，给人极强的视觉震撼。最近几年，机器人也不断出现在央视的春晚中，给全国的观众朋友们带来快乐。

图 6-7　央视猴年春晚的机器人舞蹈

2018 年 2 月 25 日，平昌冬季奥运会闭幕式上，由张艺谋指导的《2022，相约北京》8 分钟文艺表演震撼了世界。此次表演中，有 24 名轮滑演员和 24 个智能机器人。智能机器人是沈阳新松机器人自动化股份有限公司设计的新一代智能机器人，该机器人既能完成许多高难度的动作，又能与演员进行联动表演。这些功能的实现，需要许多智能技术的辅助，比如机器人导航、机器人视觉等。此次表演中，还有一个值得一提的技术就是智能发热服。为了防止演员表演时被冻伤，同时还要保证动作的舒展，深圳烯旺新材料科技股份有限公司的石墨烯团队设计了石墨烯服饰，该服饰可以保证在零下 20 摄氏度的环境下发热 4 个小时。正是这些智能技术的使用，才让我们欣赏到如此震撼人心的表演，让世界各国人民通过"北京 8 分钟"进一步了解中国。

通过人工智能技术将人类文化以不同的形式展现在人们的生活中，极大地丰富了人们的生活。随着人类的发展，人工智能也在不断发展，人工智能带给我们的便利也会越来越多。这就是人工智能时代带给我们的好处，我们有幸能赶上这样一个时代，实在是我们这代人的福气。

第二节　时代变革的挑战：机智选择，以防失业

一、人工智能会不会引发大规模的失业？

人工智能的发展对许多行业都产生了影响，大大提高了工作效率，那么，在总需求量一定的情况下，单个工人效率的提高，是否会造成工人个数的减少呢？或者引进智能设备、机器人后，很大一部分

工人是否就会被取代呢？

让我们举几个例子：

2017 年，中央电视台和中国科学院共同主办了人工智能现象级节目《机智过人》，其中一期的节目是阅片机器人"啄医生"与该领域的 15 位主任医师同台竞技，总共 30 套片子，"啄医生"独自完成全部片子的阅读，15 位主任医师每人完成两套片子的阅读。结果"啄医生"和人类专家诊断的准确率都是 100%，但是"啄医生"的诊断时间比人类专家快了 15 倍之多。阅片是一个很劳累的技术活，对人类的视力、精力是巨大的考验，但是阅片机器人就不存在这个问题，它永远不会疲劳。如果，将阅片机器人普及到医学图像诊断行业，很明显会大大提高医院的服务效率，节省病人的等待时间，而且还会大大降低培养该领域专家的成本。这样会不会使得医学图像诊断行业的人员大大减少甚至最终会被机器人取代呢？

就目前的情况来看，短期内医学图像诊断行业的人员受人工智能技术的发展影响还比较小，不会出现大面积失业的情况，主要是阅片机器人技术的发展成果还没有广泛应用，现在还处于研究的阶段。但是，该技术对医学影像诊断行业的人员有极大的冲击。笔者认识的一位医学影像本科毕业的学生，工作 5 年后，选择继续读研去学习新的方向。是什么原因促使他作出这样的选择呢？一方面是职位晋升对学历的要求，另一方面则是他对行业未来的担忧。在聊天的过程中，能感受到他对新技术的惊讶，更能感受到他对自己行业未来发展的担心。当然，可能还得需要几年的时间才大面积应用阅片机器人，那时医院里进行医学图像诊断的是阅片机器人还是主任医师？还是两者一起做诊断，综合两者的诊断结果？或者是两个用不同的医疗图像数据训练出来的阅片机器人一起做诊断呢？真要到了阅片机器人大量应用的时候，就会造成医疗图像诊断人员过剩，那这些多出来的人员将何去何从呢？

几年前，我们去火车站坐车的时候，还需要车站人员人工核实你的车票信息是否正确。现在，我们只需要将身份证和车票放在自动检票机前，人脸正对检票机，就能快速检票。这归功于人脸识别技术的发展，最根本上是人工智能技术在图像识别领域的应用。自动检票机可应用在民航、城市轨道交通、电影院、体育馆等地方。自动检票能够大大减轻工作人员的负担，还能通过人脸识别技术发现犯罪人员。自动检票系统的应用，使得从事辨识任务的检票人员、安保、边防等从业人员会被取代。

从上面两个例子中我们可以看到，人工智能的应用确实会使得一部分人面临失业的危险。哪种工作最有可能被人工智能取代呢？李开

图6-8　自动检票机

复在《人工智能》一书中提出的"5秒钟原则"我们可以拿来借鉴，该原则的大体内容是：如果一项工作可以在5秒钟内被人类作出决定，这项工作可能就会被人工智能取代。就是那些不需要花费很长时间作出决定的工作，就很有可能被人工智能取代，比如翻译、保安、交易、客服、售票员等工作，这些工作在未来5—10年就有很大的可能被人工智能全部或者部分取代。

上面我们说的失业指的是短期内丢掉了原来的工作，这对很多行业来说是不能避免的。但是从长期来看，这些失业人员会重新找到适合自己的岗位，重新就业。人工智能所起的作用是对人类的社会结构和经济秩序进行重新调整，对社会劳动力重新分配，使得短暂失业人员转换到新的工作岗位，从而进一步解放生产力，发展生产力，推动共同富裕的进程，从而对为人类社会的发展打下坚实的基础。

二、时代变革时如何选择？

人工智能时代不可避免的已经到来了，势必会对人类的很多行业造成冲击，致使一部分人需要重新寻找工作，面对这样的时代变革，我们应该如何作出选择呢？

首先，莫要惊慌。

没必要对人工智能技术带来的潜在危险过于紧张，因为这些技术距离真正落实还有一段很长的路要走。比如，阅片机器人在医学影像诊断行业基本还没有被几家医院所应用。即使到时候大面积应用了，也只会起到辅助治疗的作用。因为放射科医生的工作需要询问病人的病史，而且很重要的一点就是要跟临床相结合，这些都是要充分考虑的因素，只通过拍的片子作出诊断是不可靠的。还有一点就是医学还有涉及伦理、人文关怀等方面的问题。因为医生很多时候是要跟病人打交道的，这里面有关人文的事情，是机器无法完成的。病人对机器诊断结果的接受状况也是一个问题，因为大部分病人还是相信人的诊断结果，而不是机器的诊断结果，等到普通老百姓能够接受机器的诊断结果也需要很长的一段时间。所以，很多事情不都像新闻里面鼓吹的那样，让公众对人工智能带来的影响产生恐慌心理，人类的许多工作是人工智能很难取代或者说短期内是取代不了的。

其次，坦然面对。

即使真到了那一天，你的工作被人工智能技术所代替，你短暂失业，也没关系。人工智能调整人类社会的工作结构，一种工作被智能设备取代，势必会产生新的工作岗位，而且其他种类的工作岗位也没有饱和，失业人员完全可以重新找到适合自己的岗位。比如，大量从事体力劳动的工人被自动化设备代替后，他们完全可以去服务行业工作，大量劳动力的涌入会让服务行业竞争激烈，服务种类和服务质量势必会得到很大的提升。因此，人工智能不仅对它加入的行业有影响，间接的对其他行业也会产生影响。提高生产力，推动经济发展，随之而来的是社会福利待遇的提升，人们生活质量的提高。

最后，我们要做的是静下心来，仔细分析人工智能可能对你个人工作带来的影响，提早做打算，也要认识到人工智能对整个社会的巨大推动作用，欣然享受人工智能给我们生活带来的各种便利。

第三节　应对人工智能的举措：发展教育，学会学习

人工智能时代已经来临，国家要想在人工智能高速发展的国际竞

争中处于领先地位，就得需要制定相应的教育和指导措施，从娃娃抓起，不断培养人工智能时代所需要的新型人才。同时，作为人工智能时代的年轻人，如何去学习也是一个值得好好思考的问题。

一、人工智能时代人类的教育

2017 年 7 月 8 日，国务院发布《新一代人工智能发展规划》。以下是从该规划中总结的几点关于人才培养方面的任务：

（1）完善人工智能教育体系，加强人才储备和梯队建设。

（2）培育高水平人工智能创新人才和团队，加大高端人工智能人才引进力度，建设人工智能学科。

（3）构建新型教育体系，开展智能校园建设，开发智能在线学习教育平台。

（4）建立适应社会需要的就业培训体系，一方面鼓励企业和各类机构为员工提供人工智能技能培训，另一方面支持高等院校和社会化培训机构等开展人工智能技能培训。

（5）实施全民智能教育项目，在中小学阶段设置人工智能相关课程，支持开展人工智能竞赛。

从以上 5 点可以看出国家从中小学初等教育阶段到大学高等教育阶段都提出了要求，从青少年抓起，全面发展人工智能，下面我们详细说说人工智能在各个阶段都有哪些具体的措施。

（一）小学教育

2017 年，Python 进入山东小学教材，山东省最新出版的小学信息技术六年级教材已加入 Python 的内容。

Python 是一种计算机程序设计语言，广泛应用在与人工智能有关的项目的开发过程中。学好 Python 是更好应用人工智能技术的基础。孩子从小开始接触编程，能够锻炼孩子分析问题、解决问题的能力和创新能力，让孩子提早接触前沿科学知识，由科技时代的消费者转变为创造者。

人工智能和大数据技术为教育提供了新的手段，比如个性化教学和游戏化教学。

个性化教学是指学习目标、教学方法和教学内容是根据每个学生的需求而有所不同，并进行不断调整优化。学生可以根据自身兴趣选择教学活动、学习节奏。新的教学设备可以针对每一个学生，不同知识水平、情感和动机的实时状态作出实时反馈，然后制定相应的学习指导和心理疏导。这种个性化是基于数据驱动和技术驱动的，通过搜集每个学生日常学习的数据，分析学生的学习状态，从而发现问题，继而制定相应的解决方案。

游戏化教学是指通过某个故事背景，设定规则、积分系统（升级机制），而且还有奖惩机制。这种教学方法借鉴于强化学习（reinforcement learning）的思想，让学生在与环境和他人互动的过程中，

图6-9 上海某小学举行的寻线机器人编程比赛

持续学习以尽快达到自己的目标。这种教学方式能提升学生的兴趣、提高学生的成就感，而且能增加人与人之间的互动，游戏过程中有什么问题能快速反馈。尤其对那些对学习缺乏兴趣的同学有极大的帮助。

（二）中学教育

2017 年 12 月，浙江省信息技术课程改革方案明确规定：Python 确定进入浙江省信息技术高考。且从 2018 年起，浙江省信息技术教材编程语言从 VB 语言更换为简单、易懂的 Python 语言。

2018 年 1 月，人工智能进入全国高中新课程标准，2018 秋季学期执行。教育部于 2017 年底印发并于 2018 年秋季开始执行《普通高中课程方案和语文等学科课程标准（2017 年版）》，将人工智能、物联网、大数据处理正式划入新课标。

人工智能让教学管理任务更加自动化而且迅速化。当下，智能设备已经可以自动给选择题和填空题打分，随着自然语言处理技术和图像处理技术的发展，未来的智能教学管理平台不仅可以给学生作业打分，评估学生写的作文，而且还可以根据学生的学习情况，自动给学生出题，测量学生对知识的掌握程度。这些工作都需要占用教师大量的时间，节省出来的时间可以供教师对学生进行人文关怀。

人工智能还能给学生提供教室之外的帮助，比如辅导作业，这对于许多家长来说是很头疼的事情，因为很多家长受教育程度不高，如果是小学的课程，可能家长还能应付，但是等孩子上初中和高中的时候，许多课程的内容家长是无能为力的，学生又不方便问老师。这个时候学生可以登录智能教学平台或者启动智能教学机器人，有什么问题就可以随便问，十分方便快捷。而且，还可以为家长节省一大笔雇佣家教的钱。

（三）大学教育

2017 年 10 月 11 日，教育部考试中心决定自 2018 年 3 月起，在计算机二级考试中加入"Python 语言程序设计"科目。

2018 年 4 月 2 日，教育部发布《高等学校人工智能创新行动计划》。该计划对人才培养方面提出了以下几个目标：到 2020 年编写 50 本具有国际一流水平的本科生和研究生教材，建立 50 家人工智能学院、研究院或交叉研究中心，并建设 100 个"人工智能 +X"复合特色专业，建设 50 门人工智能领域国家级精品在线开放课程。

从上面的目标中我们可以看到国家对于高素质、高端人才十分重视，也体现了国家对于人工智能方面人才的迫切需求，从另一面反映了人工智能人才的稀缺，所以，国家要不遗余力地培养人工智能人才。

从 2017 年 5 月中国科学院大学成立人工智能学院开始，后续西安电子科技大学、清华大学、上海交通大学、南京大学、哈尔滨工业大学等高校纷纷建立人工智能学院。重庆邮电大学、天津师范大学等高校也紧随其后，还有 32 家高校开设了人工智能相关专业。

国内高校纷纷成立人工智能学院或者开设人工智能专业，既是对国家政策的响应，也是时代发展的要求，更是学校提高自身综合素质、提高影响力的体现。对于刚刚步入大学的学生，选择与人工智能相关的专业去学习，既能感受前沿科学技术带来的惊艳，又能满足社会需求，进而能够在毕业时找到一份前途光明的职业。

二、人工智能时代如何学习

2017 年 7 月，著名人工智能科学家、斯坦福大学人工智能实验室和视觉实验室主任李飞飞在国际顶级计算机视觉期刊 *IJCV* 举办的 Asia Night 龙虾之夜学术主题活动中发表演讲。演讲最后她说道："人工智

能一定会改变世界，但是我希望在座的各位，尤其是年轻人思考这个问题，你会如何改变人工智能？"李飞飞说的"如何改变人工智能"，其实指的就是我们如何利用掌握的知识去改变人工智能技术，知识的掌握程度与我们的学习方法和努力程度有关，那么如何去学习呢？人工智能正在并将持续促使我们的教育方式发生巨大变化，如何适应这种变化，找到适合自己的学习方式，争取未来不被社会淘汰呢？

第一，要学会人机协作。人工智能时代，各种智能设备层出不穷，我们要学会与各种智能设备打交道。人际交流是一种能力，需要我们去学习，人机交流也是一种需要我们学习的能力。就拿我们前面说的智能教学平台来说，如果学生不熟悉如何使用教学平台获取自己需要的资源，那么他将会耗费大量的时间，学习效率会大大降低。

第二，要提高与人沟通的能力。为什么要单独拿出来说这一点呢？因为不管是现在还是将来任何时候，与人沟通的能力都是十分重要的。而且，智能设备的出现，势必会使一些人需要重新找工作，如果这些人没有什么专业技能，那他们很可能去服务性行业。而服务行业最重要的一个能力就是沟通能力，人与人之间的同理心、人文关怀是机器人不能替代的，尤其是高级的服务行业，沟通能力就显得更加重要。因此，良好的沟通能力是十分必要的，它能够让你在时代变革时更快地适应时代发展的需要。

第三，要全面学习。全面学习指的是要全面发展自己，培养自己各方面的能力，不能只学习基本的语数外、文理综知识，也要学习音体美等方面的知识。我国每年的高考竞争特别激烈，很多高考分数特别高的学生，走进社会后却被嘲笑"高分低能"。这里的"高分低能"指的是在学业上能获得高分，但是在工作和生活的实际中却表现较差。这种现象与中国的应试教育是分不开的，特别是在人口较多的省市，学生要想在千军万马中过独木桥，就得需要加倍努力地去学习。学生大部分时间就被学习占用了，根本没有多余的时间去做与学习无关的事情，所以就出现了这种"现象"。全面发展是十分必要的，很多现实中的问题需要多学科知识交叉融合才能解决，就比如人工智能就是数学、神经科学、计算机技术和控制科学交叉融合产生的。知识的交叉与融合才是创新的源泉，才是立足社会的根本，才永远不用担心会被社会淘汰。

第四，要加强自主学习。人工智能时代，知识更新速度会更快，各个领域会不断有新的技术出现，我们要想学习这方面的知识，很有可能就得我们自己去查资料学习，因为现如今人工智能方面的老师和专家太少了。所以要想时刻跟上时代发展的步伐，就需要我们有很强的自学能力。

第五，要保持学习的习惯。俗话说的好"活到老，学到老"，在科技发展日新月异的今天，要想不被别人赶超，不被老板炒鱿鱼，就得不断去学习新的技术，不断充实自己。尤其是对于从事人工智能方向的科研人员，要经常阅读大量的文献，紧跟行业的最新动态，学习别人的先进技术，从而获得灵感做出创新。不然就很有可能被同行或者智能机器超越，就要面临失业的危险了。

第四节 对人工智能的深刻洞察：总结创业要素，制定创业策略

2016年3月，AlphaGo与围棋世界冠军、职业九段棋手李世石进行围棋人机大战，以4:1的总比分获胜。AlphaGo的胜利让人们

看到人工智能强大的发展潜力，世界范围内的大小公司纷纷发展人工智能，人工智能创业公司如雨后春笋般不断出现。时到今日，有多少公司成功了？又有多少公司被迫破产、倒闭？人工智能时代创业需要我们做好哪些方面的准备呢？

一、人工智能产业链布局

要想在人工智能时代取得创业的成功，我们就不得不对人工智能的产业链有一定的了解，然后分析每个方向的投资价值，最后根据自己的情况选择合适的创业方向。

人工智能产业链主要包括三层：基础层、技术层和应用层。基础层主要包括硬件、计算机技术和数据服务；技术层主要包括机器学习和深度学习等方面的算法和架构；应用层主要包括各种解决方案和智能产品。

（一）基础层

基础层是人工智能发展的基础，为人工智能技术的实现和人工智能应用的落地提供保障。硬件主要指的是芯片和传感器，计算机技术指的是云计算技术，数据服务指的是数据的采集、处理和分析。

1.芯片

芯片主要包括CPU（中央处理器）、GPU（图形处理单元）、FPGA（现场可编辑门阵列）、ASIC（专门设计的集成电路）和类人脑芯片，主要用于处理人工智能应用中的大量计算任务，特别是为深度学习提高计算硬件支持。由于大数据技术的飞速发展，单纯的CPU已经不能满足人工智能时代计算的要求，所以AI芯片应运而生。

目前，Intel、Google、NVIDIA、IBM等公司已经陆续推出AI芯片，国内AI芯片的研究正处于起步阶段，相较于发达国家还有不小的差距，但是也出现了一些 AI 芯片研发企业，主要有寒武纪科技、中星微、景嘉微等。

2. 传感器

传感器是一种检测装置，能感受到被测量的信息，主要对环境、动作等内容进行智能感知，是人工智能重要的数据输入和人机交互硬件。

国际上著名的传感器企业有 Emerson、General Electric Company、SIEMENS、Panasonic 等。业界预测全球传感器需求有望从当前的百亿级激增到 2025 年的万亿级。未来，亚太地区将成为传感器应用最有潜力的市场。国内主流的传感器企业有歌尔声学股份有限公司、航天时代电子技术股份有限公司、大华技术股份有限公司、紫光国芯股份有限公司等。

3. 数据服务

数据服务主要包括数据挖掘、风险洞察、市场监测、品牌监测、潜客挖掘、交易等，为人工智能产业提供数据的收集、融合、分析、管理、交易等服务。

国外的数据服务公司主要有 IBM、Orade、Google、Amazon、HP、Intel、Teradata、Microsoft 等，国内提供数据服务的公司主要有阿里巴巴、华为、探码科技、华胜天成、中科金财等。据统计，2017年大数据技术和服务市场规模是 23.8 亿美元，未来 5 年的复合增长率达到 34.1%，大数据呈快速发展的趋势。

4. 云计算

云计算主要是为用户提供网络、服务器、存储等服务的一种模式，并按照用户的使用量进行收费。云计算主要为人工智能开发提供云端计算资源和服务，以分布式网络为基础，提高计算效率。

国外提供云计算服务的公司主要有 Amazon、VMWare、Micro-soft，国内提供云计算服务的公司还是比较多的，主要有阿里巴巴、中国电信、腾讯、中国联通、华为、中国移动、百度、浪潮等。

（二）技术层

技术层是人工智能的核心，主要通过人工智能方面的算法，利用基础层提供的计算能力对海量的数据进行分析、建模，从而开发出不同类型的应用技术。主要包括机器学习、计算机视觉与图像处理、自然语言处理。

1. 机器学习

机器学习是应用层的核心，被应用在人工智能的各个领域。按照训练的数据有无标签，可以将机器学习的算法分为有监督学习算法、无监督学习算法、半监督学习算法和强化学习。有监督学习算法包括线性回归、逻辑回归、神经网络、SVM 等，无监督学习算法包括聚类算法、降维算法等，半监督学习算法包括直推学习、归纳学习等。强化学习算法包括 Q-learning、Deep Q Network 等。

机器学习的重点在于寻求算法方面的突破，算法的突破能起到事半功倍的效果。但是算法方面的投入会比较大，主要是对硬件设备的要求比较高，尤其是在运行大量数据的时候。不同的公司对于算法研究的侧重点也会因为业务的需求不同而有所不同。目前，国内机器学习方面的企业有京东 DNN、讯飞超脑、阿里数加、腾讯机智等。

2. 计算机视觉与图像处理

计算机视觉通过摄像机对物体进行识别和跟踪，并用计算机对物体的图像进行处理。计算机视觉主要包括图像分类、物体检测、语义分割、视频分析等主要任务，还包括人体姿态识别、目标跟踪、边缘检测、细粒度识别、稠密运动估计等任务。

计算机视觉的应用范围比较广，目前，这方面的技术发展比较成熟，国内这方面的公司也比较多，代表性的企业主要有百度、搜狗、微软亚洲研究院、旷世科技、蚂蚁金服、腾讯优图、格灵深瞳、东方网力等。

3. 自然语言处理

自然语言处理是让计算机理解人类语言的一种技术，是人工智能中最为困难的问题之一，它以语言学为基础，结合脑科学、神经科学和机器学习等学科知识，对人类语言作出语义层面的理解，最终的目标是理解人类语言并能实现智能推理。自然语言处理包含的内容比较多，主要有中文分词、词性标注、句法分析、文本分类、命名实体识别、信息检索、文字校对、问答系统、机器翻译、自动文摘等。

自然语言处理相对于计算机视觉的发展来说有点缓慢，还不是很成熟，一些领域的研究效果还不是很理想，还有很大的提升空间。代表性的企业有科大讯飞、云知声、助理来也、百度、出门问问等。

（三）应用层

应用层将人工智能技术与传统行业结合或者创造新的行业。按照迅雷创始人程浩老师的划分，可以将应用层划分为"AI+ 行业"和"行业 +AI"。"AI+ 行业"指的是人工智能时代到来后，新产生的行业，比如说无人驾驶和智能音响；"行业 +AI"指的是人工智能与传统行业的结合，比如智能医疗、智能安防、智能机器人、智能金融、个人助手、智能教育、电商零售等。由于前几章对其中的一些行业已经做了一些简单的介绍，接下来我们就只对智能安防和智能机器人做简单介绍。

1. 智能安防

随着经济和社会的发展，人们的生活水平也得到了很大的提高。

享受生活之余，人们对于安防问题越来越重视，照看老人儿童、防火、防盗、防漏电等已经成为现代家庭的必要需求，家居安全、社区安全成为人们非常牵挂的事情。要做好安防工作，就需要对传统安防措施进行升级，因为传统安防已经不能满足人们对高准确度、高效率安防的需求。

智能安防产业发展的基础有指纹识别技术、语音识别技术、人脸识别技术等智能识别技术，还有视频智能分析技术、智能门锁设备、安防机器人、安防无人机等。智能安防的重点应用领域有城市智慧安防、园区智能安防、校园智能安防、展馆智能安防、家居智能安防、金融智能安防、交通智能安防等。高清监控被称为智能安防的发展重点，高端智能设备的发展和智能安防的云端是发展热点，手机智能监控是智能安防新热点。

我国智能安防行业一直以高速增长的势头发展，根据前瞻产业研究院的预测，到 2022 年国内安防市场规模将达到近万亿规模。智能

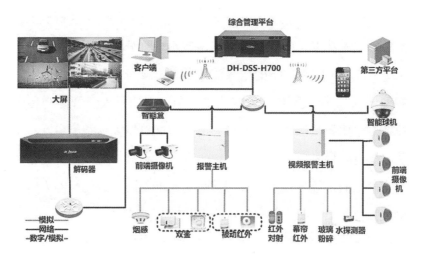

图 6-10　大华股份为现代社区打造的智能安防系统

安防领域代表性的企业有海康威视、大华股份、商汤科技、旷世科技等。

2. 智能机器人

智能机器人是指能通过传感器感受周围的环境，对环境反馈的信息做出响应，从而与周围的环境进行交互的机器人。随着社会的发展，人们生活水平的提高，人们对工作环境和生活质量的要求越来越高，智能机器人可以代替人类做许多事情，从而能减轻人们的负担，因此，智能机器人的需求与日俱增。

智能机器人主要包括工业机器人、家庭机器人和智能助手。智能机器人涉及的技术有多传感器信息融合、导航与定位、路径规划、机器人视觉、智能控制、人机接口等方面的技术。

图 6-11　工业装配机器人

由于人们对生活质量的要求不断提高，对智能机器人的需求也与日俱增，因此智能机器人发展迅速，其中，对家庭机器人和智能助手的需求更大，这方面的企业占比也较大。代表性的企业有百度、优必选、公子小白机器人、新松机器人等。

图 6-12　家庭机器人

二、AI 创业成功的四要素

AI 时代，创业者要想取得创业成功，不得不考虑周全，其中资金、投资方向、人才储备、数据是 4 个必备要素。只有这 4 个要素具备了，才有可能取得成功，只要其中某一个要素出问题，就可能会面临失败。

（一）资金

资金是创业时首先要面对的问题，尤其是选择在 AI 行业创业，创业成本会格外的高。首先，AI 行业需要强大的硬件支持——高计算性能的计算机，这些高计算性能计算机价格每台至少在几万元；其次，聘请 AI 行业的高端人才，尤其是 AI 首席科学家，花费的资金格外多。

一般来说，很多初创公司是没有雄厚资金支持的，因此，很多公司会以融资的方式获得资金支持。两三年前，人工智能大火的时候，获得投资可能还是非常简单，那个时候投资机构看好人工智能发展前景，纷纷投钱。几年时间过去了，很多投资机构该出手的已经出手了，投进去白花花的银子，总要听个响，就必须要考虑投资回报问题。所以很多机构都开始珍惜子弹，与其寄希望于寻找新的猎物，不如看看之前投出去的项目商业化程度如何，再考虑要不要继续加码跟进。再加上这个时候，能创业的技术大牛都已经创业了。所以，对于AI初创企业，机构投钱会更加谨慎，他们更愿意投资发展前景好的大企业。

（二）投资方向

创业成功与否，选对投资方向很重要。因此，需要对AI产业链布局有清楚的认识，这个我们在前一章节已经介绍过了，然后对基础层、技术层和应用层的投资价值也要有清楚的认识，下面我们引用阿里云研究中心的AI产业链价值分析图做简单介绍。

从图6-13中我们可以看到：基础层是构建生态的基础，高投入、

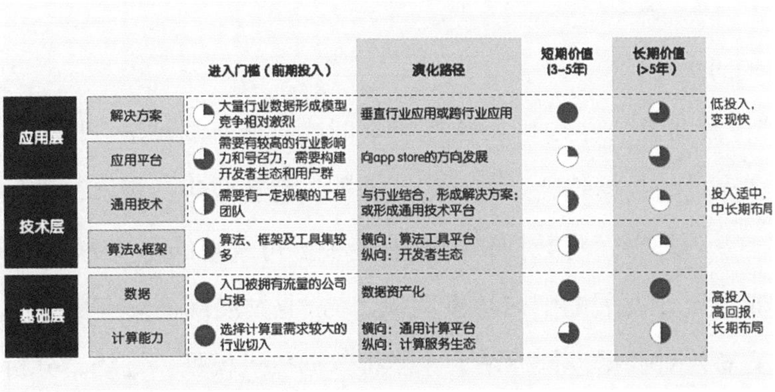

图6-13　人工智能产业链价值分析

高回报，但是布局时间最长，适合于资本雄厚的企业去投资；技术层主要是做算法研究，投入适中，需要中长期布局，适合以软件技术为基础的公司；应用层面对的是消费者，提出解决方案，低投入，变现快，而且应用场景较多，涉及金融、医疗、交通、家居、零售等行业，适合中小型企业作为切入点。

根据上面对人工智能产业链的分析，企业可以根据自身的基础，选择适合自己的领域去创业。

（三）人才储备

人才不论在什么企业都是决定企业发展壮大的重要因素，在人工智能企业人才的重要性尤为重要。因为人工智能方面的人才相对比较稀缺，短时间内培养不出能胜任工作的人才，尤其是人工智能方面的顶尖专家，更是少之又少。人工智能项目如何实施，靠的是专家长期总结的经验，只有专家也不行，还得需要人工智能方面的算法工程师团队去执行专家的想法。目前我国人工智能方面的人才需求量还比较大，各个公司都在高薪聘请人才。"千军不易得，一将更难求"，形象地描述人工智能企业的人才情况。人才储备情况决定企业项目实行速度，进而影响企业发展壮大的速度。所以，企业必须要有足够的人才储备。

（四）数据

"得数据者，得天下。"人工智能时代，所有的算法、模型的训练都是在充足的数据基础上进行的。大数据包含收集、积累、处理、应用等一系列环节，将数据作为产业链中不可或缺的驱动力、创新力，使其成为企业发展的"内核发动机"。企业发展既需要有庞大的数据量，又需要对数据进行标注，才能将数据放进模型中训练。分析用户数据，才能获知用户需求，从而提供相应的服务。数据是企业发展的基础，没有数据寸步难行。

要想获得成功，创业公司必须得到强大的资金支持，储备拥有大量知识产权专利和高质量论文的 AI 专家，而且还要能够访问高质量的数据集。

三、怎样防止被淘汰?

当初创公司满足上面提到的"四要素"之后，发展起来也不保证会一帆风顺，主要是会面对同行的竞争，尤其是大公司的打压，这是无法避免的。面对大公司的竞争和打压，企业应该如何应对呢？

首先，初创公司应该制定好自己的发展策略，在发展初期，不可避免地会受到行业巨头的打压，这时选择与行业巨头比拼实力还是先讨好他们，需要充分考虑自身实力然后作出正确的发展策略。比如 Microsoft 公司在发展初期就选择与当时的行业巨头 IBM 合作，于是，在之后的发展过程中就避免了外部的很多压制①。

如果选择和科技巨头比拼，初创企业最好是能形成自己的企业壁垒，企业壁垒通俗来说也就是企业的防御工事。企业壁垒主要包括技术壁垒、品牌壁垒、资金壁垒、资源壁垒、贸易壁垒、地域壁垒等。企业壁垒是公司的保护伞，可以减少行业的竞争压力。俞敏洪说过一句话：中国的创业公司 95% 是没有技术壁垒的。也就是说初创公司的产品很容易被复制。所以技术壁垒对于初创公司来说短期内是很难形成的，但是其他行业壁垒可以形成，比如资源壁垒、地域壁垒等。对于没有企业壁垒的初创公司，在前期起步之后，应该注意要一步一步建立自己的壁垒。

---

① 《投资人说：人工智能创业的方向何在？》，https://baijiahao.baidu.com/s?id=16091259
30229685116&wfr=spider&for=pc。

最后，也是最重要的，就是要创新。创新对于企业的重要性不言而喻，尤其是对于初创企业。第十六届软洽会暨 2018 iWorld 数字世界博览会，谈到中美人工智能创新有何不同，星瀚资本创始合伙人杨歌表示中国是需求导向，美国是技术导向。因为中国的人工智能企业更多的是去研究能迅速产生经济效益的项目，一般没有时间做底层基础研究，而美国更注重底层技术的研发，更着眼于未来。中国 AI 科学家和 AI 人才在世界范围内是数一数二的，但是在突破性研究方面，贡献很少，大师级别的人物几乎没有。当然，对于初创公司来说，大师也不是必须的，但是创新性人才是必不可少的。

创新主要是人工智能核心技术的创新。这其中包括机器学习、深度学习、强化学习等智能算法。虽然这些智能算法取得了不错的成果，但是这些算法还需要人工干预，如何减少人工干预，创造出更加智能的算法显得更加关键。初创企业还可以做应用方面的创新，比如新的产品、服务等。

总之，企业在必备条件准备充分的情况下，要制定好发展策略，不断吸引人才，敢于创新，在发展的过程中一步步形成自己的企业壁垒，才能不断发展壮大。

第五节　人工智能时代的深思：制定道德准则，完善法律制度

"所有的硬币都有两面"，人工智能是一把双刃剑，它在加速社会经济发展和方便人类生活同时，也对人类社会的道德和法律提出了挑战，甚至会危及人类的安全。

一、人工智能产品对道德和法律的冲击

人工智能产品对道德和法律的冲击主要体现在伦理道德、算法杀熟与算法歧视、信息安全、交通安全、人身安全等方面，下面我们就从这几个方面说明存在的问题。

（一）伦理道德

2017年10月25日，一个名叫索菲亚（Sophia）的"女性"机器人被授予沙特阿拉伯国籍。该机器人成为史上首个被授予国籍的机器人。

这个名为Sophia的美女机器人是由汉森机器人公司著名的机器人设计师大卫·汉森（David Hanson）设计的，外形是按照奥黛丽·赫本（Audrey Hepburn）设计的。她采用语音识别、自然语言处理和语音合成技术，据说可以模拟超过62种面部表情。单就Sophia的各种表现来看，她非常出色，但是没有人认为她是一个真正的人。

一位来自西班牙的科学家Sergi Santos则不这么认为。Sergi和他

图6-14　第一位机器人公民Sophia

的妻子 Maritsa Kissamitak 合作研制机器人女友"萨曼莎"。性爱机器
人对于那些婚姻中伴侣欲望无法调和的情况能起到很好的调解作用，
挽救两人的婚姻，而且对于单身人士或是有社交恐惧症的人来说，性
爱机器人会很受欢迎。Sergi 认为，未来人类与机器人相爱，甚至结
婚生子都是一件很平常的事情。而他也正计划用 3D 打印技术设计一
个自己和女友"萨曼莎"的小宝宝。

图 6-15　机器人女友"萨曼莎"

虽然 Sergi 的妻子不在意这件事情，但是这件事听起来让人很难
接受。如果这样的机器人普及，人类几千年的社会家庭结构会不会改
变？生理上的满足会不会降低人类抚育后代的需求？进而会不会引发
我们道德的崩溃？

随着 AI 技术的发展，VR（虚拟现实）技术也得到进一步的发展，
VR 技术广泛应用在医疗、娱乐、教育、军事等领域，特别是 VR 眼
镜的出现，让普通大众也能体验 VR 的魅力。当然，VR 带给人们帮
助和娱乐的同时，也会对人们的身体和心理方面造成一定的危害，特
别是对青少年会造成更大的危害。造成的危害主要体现在以下 4 个方

面：首先，佩戴 VR 设备时，人们会看不清周围的环境，观看电影或者玩游戏时人们会相应的作出动作，这就容易与周围的物体发生碰撞，造成物理伤害；其次，佩戴 VR 设备会让人眼睛聚焦于一个位置，长期佩戴会让人眼睛酸痛，特别是青少年如果长期佩戴，可能会损害他们的视力；再次，虚拟电子游戏中，往往充斥着暴力和色情等无视道德的行为或者画面，长期沉浸于这样的环境中，会影响一个人的人格健康发展；最后，长期与 VR 设备打交道，会让人对这种虚实一体的虚拟生活过度依赖，讨厌现实的社会生活，从而让人变得厌世、孤僻，产生社交恐惧症。长此以往，会让人们试图摆脱传统道德的约束，人们的伦理责任和道德观念会不断消解，我们整个社会风气和秩序就可能会面临瓦解的危险。

图 6-16　玩家体验虚拟游戏

（二）算法杀熟与算法歧视

喜欢网购的朋友肯定都有过这样的经历，你在购物网站上看到了一件心仪的物品，你由于某些原因没有立即购买，而是把它放在购物车里了，等过段时间你想去购买的时候，这件商品的价格会提高很多。这是什么原因造成的呢？这其实是智能算法在作怪。智能算法会通过你的行为分析，认为你对这件物品有强烈的购买欲望，它就会自动提高一定的商品价格，让你额外支付一定的费用。还有当你经常在某旅游网站定旅馆时，假设你看到的旅馆价格是 300 元，可是你的一位不经常在该网站定旅馆的朋友定相同的旅馆时，价格显示可能只有 270 元，这是因为算法会对新用户进行低价吸引的策略，当你对该 APP 产生依赖时，算法就会提高价格。这就是所谓的算法杀熟现象。

还有算法歧视现象的发生。相关研究显示，在 Google 搜索黑人，搜索结果会出现与违法犯罪相关的内容；在 Google 的广告服务中，男性比女性更容易看到高薪的职业。还有，一些网友反映，有些消费网站会根据手机号对消费者进行区别对待。

智能算法确实给人们的生活带来了很大的便利，比如推荐系统，会根据你的喜好推荐你喜欢的东西。但是，编写智能算法的程序员也是人，是人就可能会存在种族歧视、性别歧视和财富歧视的问题，所以，人工智能算法就可能会存在程序员个人的情感倾向。产生这些算法问题的主要原因是公司利益至上，这些算法能使公司获利更多。

（三）信息安全

2018 年 5 月，在 Google I/O 大会上，一段 Google Duplex 打电话成功订餐的现场演示，震惊了世人。Google Duplex 令人印象深刻的是，它听起来像一个真实的人能够自然地表达暂停和语音不流畅的语气，比如人们常用的"嗯"，并且能够收集通话者的想法，Duplex 可以理解会话的上下文。

这项技术对于一些比较忙碌的人来说，可以当作处理一些不太重要的任务的工具，比如预约餐厅、美发厅等。但是，如果这项技术被不法分子掌握，他们就可以搜集你平时说话的语料，用以合成与你声音、语气十分相似的声音，然后用这个声音去给你的家人或者朋友打电话借钱，或者把你的亲戚、朋友约出来进行绑架、勒索，你的亲戚、朋友是否能够区分出来是不是你本人？万一区分不出来，后果会怎样？

人工智能时代信息安全是特别需要重视的事情。假如黑客通过木马病毒侵入互联网，控制家庭机器人，再如儿童教育机器人，黑客可以修改机器人程序，让机器人散播有种族歧视或者报复社会的不良信息给儿童，那么对孩子的身心发展会产生严重的伤害，教育出来的孩子可能会容易去做违法乱纪的事情。还有，黑客还可以让陪伴老人的机器人不受机器人不得伤害人类的限制，做出伤害老人的行为，甚至导致老人死亡，那么这样的后果应该由谁来承担责任呢？现有的智能机器人都存在着被黑客非法侵入的可能，虽然生产商设计的机器人尽量避免去伤害人类，但是，我们不能避免它们会被不法分子利用，作出伤天害理的事情。而且，现有的智能设备自身存在缺陷会不可避免地对人类造成损害。在很多年之前，日本就发生过工业机器人将作业人员碾压致死的事件；现有的医疗外科手术机器人在做手术时，不可避免地会对病人造成烧伤、切割伤、感染以及致死的小概率事件。智能机器人确实给我们带来了生活上的便利，但是也可能会带给我们伤害，需要我们采取措施去避免人类受伤的事情发生。

（四）交通安全

无人驾驶汽车最近几年比较火，部分企业和高校也在抓紧研制。2018年3月，比较有名的企业Uber的一辆无人驾驶汽车在美国亚利桑那州坦佩市撞倒了一名女子。当时这名女子推着装满塑料购物袋的自行车，突然走到车道上，被处于自动驾驶模式中的无人驾驶汽车撞倒。

当时汽车处于自动驾驶模式，车里只有司机一个人。警方表示，事故发生地点距离人行横道大约 100 米，受害人横穿马路的行为使得即使是人驾驶也很难避免这起交通事故。那么，谁该承担法律责任呢？是司机的责任，还是生产车辆的公司的责任？如果司机完全按照自动驾驶程序操作却出了车祸，算谁的？如果是车主保养使用不当，那责任又该如何界定？

（五）人身安全

无人机的研发也给人们的生活带来了很多的便利，比如空中搜救、偏远地区送快递、微型自拍等。但是，无人机被恐怖分子利用，就可能变成杀人利器。2018 年 8 月，在委内瑞拉首都加拉加斯举行的"委内瑞拉国民警卫队组建 81 周年庆祝活动"中，正在讲话的委内瑞拉总统马杜罗遭到几架装满炸药的无人机"暗杀"，还好袭击被及时制止，但是也造成了现场人员受伤。

图 6-17　委内瑞拉总统马杜罗被无人机刺杀画面及小型刺杀无人机

图 6-17 中，左侧图是委内瑞拉总统马杜罗被无人机刺杀时，保镖保护马杜罗的画面，右上图是无人机在空中爆炸的画面，右下图是用于此次暗杀的小型无人机的照片。

这是世界范围内首次政府要员被无人机刺杀的事件，让人们感到恐慌。因为小型无人机很小、机动性强、准确，很难预防。如果这项技术落入恐怖分子之手，全世界的恐怖活动都可以用无人机解决，让人防不胜防。它不仅仅是一种战争武器，它造成的潜在威胁折磨着人类的心灵，远胜于枪支弹药带来的威胁。我们如何防止这样的产品出现？如果已经大量出现，如何去预防？

二、防患于未然

上面我们分别从道德、法律、安全方面，列举了几个人工智能产品给人类社会带来的不利影响。上面这些例子，带给了你怎样的思考？我们在大力发展人工智能的同时，应该怎样加强道德约束和制定相应的法律政策？

阿西莫夫曾提出机器人三定律：一是机器人不得伤害人类，或因不作为使人类受到伤害；二是除非违背第一定律，机器人必须服从人类的命令；三是除非违背第一及第二定律，机器人必须保护自己。

李飞飞作为清华大学计算机学科顾问委员会委员参与清华大学的 Google AI 学术研讨会时，提出关于以人为本的 AI 有三个元素：第一，AI 需要更多地反映人类智能的深度；第二，是强化人类，而不是取代；第三，确保每一步发展都关注 AI 对人类的影响。

哈佛法学院网络法教授乔纳森·齐特林（Jonathan Zittrain）认为，随着人工智能的发展，计算机系统会越来越复杂，人们对智能产品的监控做不到面面俱到，而且，如果我们放手不管，不考虑道德伦理和

法律方面的事情，人工智能的发展会给我们带来不可预料的后果。

国务院在《新一代人工智能发展规划》中提出，要"建立人工智能法律法规、伦理规范和政策体系，形成人工智能安全评估和管控能力"。我们应该对人工智能的伦理道德、法律法规和安全问题仔细进行研讨，制定好相应的道德规范和法律政策，让人工智能更好地服务人类。

2017 年初，麻省理工学院媒体实验室和哈佛大学伯克曼·克莱因互联网与社会研究中心合作推出了 AI 伦理研究计划，Microsoft、Google 等巨头也因为担心人工智能可能带来的风险成立了 AI 伦理委员会。

2018 年 7 月 11 日，在天津召开的 2018 机器人与人工智能大会——雷克大会上，工信部赛迪研究院面向成员组织发布了《人工智能创新发展道德伦理宣言》。有 40 余家国内机构及企业参加了此次大会。该宣言通过道德伦理约束，帮助人工智能产业健康发展。

从上面我们可以看到，不论国内还是国外，不论国家还是地方，不论 AI 专家还是 AI 企业，都对 AI 可能对人类社会道德和法律造成不利影响表示担忧，并开始制定相应的政策。

有关道德规范和法律法规的制定，我们可以从以下几个方面考虑：

（1）对于 AI 产品的使用者，要制定相应的使用规范，不得对人工智能产品进行二次改装或者添加私自改装引发产品不能使用的设计，改装会使人工智能背离创新、应用和发展初衷，破坏人类文明及社会和谐，我们要从根本上防止恐怖分子做违法的事情。

（2）对于 AI 产品的研发人员，要有正确的伦理道德素养，设计的产品要能对人类安全负责，并不能对使用者产生错误的引导，设计的算法不能产生种族歧视、性别歧视等。

（3）对于政府，要设立监管机制，对即将上市的 AI 产品严格检查，务必要确保其安全才能让其投入市场；制定法律政策，对于可能发生的违法事情，要明确责任的承担者，严格惩罚，决不姑息；大力普及人工智能产品使用规范，提高人们的道德素质。

总之，人工智能的发展不能与人类社会的稳定与福祉相冲突。

虽然离真正的人工智能还有很长的路要走，但是只要我们提前制定好相应的道德约束和法律规范，防患于未然，就不用太担心 AI 会伤害人类，甚至毁灭人类，就会让 AI 这把双刃剑成为推动人类社会进步的利器。

人工智能时代的车轮已经滚滚而来，你会感觉自己可能被压得粉身碎骨而茫然无措呢？还是会看到机会来了，应该大干一场了呢？

AI 时代已经来临，你准备好了吗？

后 记

　　2020 年，是一个十年的结束，也是下一个十年的开始。

　　毫无疑问，智能技术是解决国民经济建设、国家安全与社会发展系列重大需求和关键问题的共性基础。

　　在未来的十年，人工智能技术将如何发展？如何推动 AI 技术在交通、医疗、教育等领域的落地应用？如何构建 AI 基础设施、规范 AI 伦理，均是人工智能领域亟待解决的问题。

　　为此，围绕未来人工智能走向的各种研究和学术探讨会层出不穷，相关研究聚焦的领域内容涵盖人工智能数理基础、自然语言处理、智能体系架构与芯片、人工智能伦理治理与可持续发展、机器学习、智能信息检索与挖掘、认知神经基础、机器感知、决策智能、AI 医疗、AI 创业、AI 交通、AI+ 大数据 + 防疫、AI 框架、图神经网络、知识智能、强化学习等。

　　从专业角度来看，人工智能的核心是研究人类如何产生智能，研究如何让机器模拟或呈现人类智能、像人一样做出反应的一门重要学科，它由认知、分析、推理、决策与控制组成，特别是决策与控制，是人工智能最后末端能实现对载体跟过程的有效控制的重要内容，人工智能不能狭义理解为只是一些算法。

从技术上说，它涉及包括自主感知与理解、决策与控制一体化、群知与协同控制等重大科学问题；目前较为热门的研究方向，包含超材料感知、多尺度融合、类自然计算、自主智能学习、生机电共融、自主智能控制、优化与决策、群体与协同、类脑与仿生。相关核心技术包括，智能传感器、类脑控制器、无人终端控制系统、网络协同技术、智能芯片与系统、安全保障等。可以预计将会大力推动包含智能制造、智能交通、智能农业、智能医疗、智能城市、国家安全等产业变革。

人工智能，内涵十分广泛，书中提到的 AlphaGo、OpenAI Five、ANYmal、"大狗"……都涉及人工智能，严格说他们都属于弱人工智能。所谓弱人工智能，是指能专注完成某个特定任务，解决某种特定问题的人工智能，如机器翻译、语音识别、人脸识别等。因其功能的单一性，它更像是一种工具，只能在某一领域发挥作用。除弱人工智能外，还有强人工智能和超级人工智能。强人工智能具有和人类一样思考、判断、决策的能力，例如《机械姬》里的艾娃。而超级人工智能则会跨过"奇点"，打破人脑受到的思维限制，拥有远超人类的思维能力和计算能力，就像《复仇者联盟》里的奥创一样，可以进行独立思考。

目前，还处于弱人工智能阶段，我们创造出了许多解决问题的"工具"，每当这些"工具"超越人类时，大众就会担心未来的某一天我们会不会无法再掌控它们。2021年1月初，马德里自治大学、马克斯—普朗克人类发展研究所等机构，在人工智能领域顶级期刊《人工智能研究杂志》中提出，由于计算本身的限制，人类可能无法控制超级人工智能，因为要确保超级人工智能不伤害人类，就要对其行为进行预测；如果预测结果可能会对人类造成伤害，就需用抑制算法来停止机器运行。问题在于，学者们认为任何抑制算法都不能百分之百预测人工智能的行为会造成什么样的后果。

看到这里，你或许很担心，未来的人类社会是否会被机器主宰，电影中的人机大战是否会在现实中上演。为此，我们不妨引用西班牙马德里自治大学计算机科学家 Manuel Alfonseca 的一句话："我们还没有证明超级人工智能无法被控制，只是说它们不能被永远控制。"

宋永端

2021 年 2 月